ORANGUTAN

オランウータン

森の哲人は子育ての達人

久世濃子

Noko KUZE

東京大学出版会

University of Tokyo Press

ORANGUTAN;
The Philosopher of the Forest is a Master at Parenting
Noko KUZE
University of Tokyo Press, 2018
ISBN 978-4-13-063349-9

表写真：ボルネオ島の保護施設で人間に育てられている、母親を殺された孤児たち

強い雄のしるし「フランジ」

自分が周囲の雄より「強い」と思えると、「フランジ雄」に変身する。

III　「フランジ」。ロングコールを発するのに使う「喉袋」、独特のカビくさいにおいを発する「臭腺」などの二次性徴は、1年かけて発達する

上：タパヌリオランウータン（Aliaga Maxime /スマトラ島バタントゥルーにて撮影）

上：スマトラオランウータン（木下こづえ / スマトラ島グヌン・ルーサー国立公園にて撮影）

オランウータンの新種発見!?

スマトラ島トバ湖南部に生息する個体群は、スマトラやボルネオとはちがう第三の種「タパヌリ」である、と2017年に発表された。

上：ボルネオオランウータン（Eddy Boy / ボルネオ島ダナム・バレイ森林保護区にて撮影）

下：ひとりで移動するケイト（4歳）　上：ケイト（生後3カ月）と樹上移動するリナ

ゆっくりした「孤育て」

オランウータンは平均7年に1回、1頭のアカンボウを出産し、母親がひとりでコドモを育てあげる。

上：食事中の母親シーナと、観察者を見つめるダナム（生後3カ月）

 上：母親リナと、これから移動する先を見つめるケイト（1歳7カ月）

下：ロッジのそばでジャックフルーツを食べるソン　上：2017年から観察されるようになったソン

上：絞め殺しイチジクを移動するアリ。大きな喉袋を使ってロングコールを発する

フランジ雄たち

フランジ雄はみな、顔や指に傷跡があり、激しい闘いを繰り広げているらしい。しかし、ほとんどの時間はひとりで過ごし、他個体とかかわることはめったにない。

上：イラクサ科の花を食べるマイク。7年の不在後、2017年に戻ってきた

＊撮影者記載以外の写真はエディ・ボーイ撮影

2005年に推定3歳だったカイも、アンフランジ雄に成長しつつある

オランウータン　森の哲人は子育ての達人

はじめに

東南アジアに住む「森の哲人（哲学者）」、私はオランウータンの別名として一般に知られている「森の人」より、この「森の哲人」という名称のほうが好きだ。オランウータンの本質や人間がオランウータンから受けるイメージを的確に表現しているように思えるからだ。彼らに対する、尊敬、畏敬の念さえ感じられる。

オランウータン（英名 Orangutan または Orang-Utan）、現地の言葉で「オラン（Orang）」は人、ウータン（Hutan）は森」、という意味があり、「森の人」という別名が有名だ。ボルネオ島にボルネオオランウータン（学名 *Pongo pygmaeus*）とスマトラ島トバ湖北部に住むスマトラオランウータン（学名 *Pongo abelii*）の二種が現存し、国としてはマレーシアとインドネシアに生息している。二〇一七年一一月には、第三の種として、スマトラ島トバ湖南部に生息するタパヌリオランウータン（学名 *Pongo tapanuliensis*）が新たに記載されている。オランウータン（*Pongo* 属、以下「オランウータン」）は、その巨体（雄八〇キログラム、雌四〇キログラム）にもかかわらず、完全な樹上性で、昼行性霊長類としては唯一の単独生活者である。近年では、森林伐採や森林火災、農園開発などが原因で、生息地である熱帯雨林が破壊され、絶滅の危機に瀕している。二〇一八年五月現在、三種ともに国際自然保護連合（ＩＵＣＮ）が作成しているレッド・リスト（絶滅の危機に瀕している世界の野生生物のリスト）で上から二番目の「近絶滅種」（一番目は「野生絶滅種」）と分類されている。

オランウータンは私たちヒトと同じく「ヒト科」に分類され、チンパンジーやゴリラとともに「大型類人猿」というグループに属している。ヒトと遺伝子の九六パーセントを共有しているともいわれているが、アフリカ大型類人猿よりはるかに早く、一八〇〇万年前ごろに人類の祖先と袂を分かち、独自の進化の道を歩んできた。そしてアフリカに住むほかの大型類人猿とは異なり、オランウータンだけがアジアで誕生し、今もアジアにのみ生息している。私たち日本人にとってはもっとも身近な「進化の隣人」ともいえる。東アジアの伝説や民話、芸能に登場する架空の生きもの「猩々」（赤毛の大きなサルのような動物）のモデルは、オランウータンだともいわれている。

そんな日本人にとって身近なはずのオランウータンだが、チンパンジーやゴリラと比べて日本語での正確な情報は少ない。ほかの類人猿に比べて、オランウータンを研究対象にしている日本人研究者の数が極端に少なかったことが主因だろう。さらに世界的に見ても、オランウータンの研究者は少なく、たとえば二〇〇九年時点で研究に携わっていたのは世界に一〇〇人ほどしかいない。なぜオランウータンの研究者が少ないのか、その理由も本書を読んでいただければ納得してもらえるだろう。

私は一九九九年からオランウータンの調査研究に携わり、私が知る限り、日本で初めてオランウータンの行動を研究して、博士号を修得した。それから現在に至るまで二〇年近く、オランウータンの研究を続けてきた。本書は、私自身の研究成果だけでなく、一九六〇年代以降、各国の研究者がオランウータンを対象として行ってきたさまざまな研究成果を紹介し、オランウータンの行動、生態、能力に関する最新の知見を、日本語で届けることを目的に執筆した。同時に、女性研究者が、悪戦苦闘しながら野生動物の野外調査に取り組む過程を綴った、フィールドワーク本という側面もある。本書を読んだ読者は、日本人とって一番身近でありながら、いまだに大きな謎を秘める「森の哲人」の、孤独と謎に満ちた生活に驚くことだろう。そして「いつもなにかを考えているように見える」彼らの魅力の一端を感じていただけたら幸いだ。いざ、森の哲人の世界へ。

観察・研究しているオランウータン個体名リスト

	名前	Name	性別	年齢	遊動域
1	**ヤンティ**	Yanti	雌	>38	ロッジ側
2	**ジュン**	Jun	雌	(死亡)	ロッジ側
3	**トイ**	Toy	雄	(死亡)	ロッジ側
4	**シリー**	Seli	雌	7	ロッジ側
5	**ベス**	Beth	雌	>39	ロッジ側
6	**オニ**	Oni	アンフランジ雄	28*	ロッジ側
7	**カイ**	Khai	雄	15*	ロッジ側
8	**ロム**	Lom	雄	8	ロッジ側
9	**リナ**	Lina	雌	22*	ロッジ側
10	**ケイト**	Kate	雌	6	ロッジ側
11	**スミ**	Sumi	雌	30*	ロッジ側
12	**ヤマト**	Yamato	雌	17*	ロッジ側
13	**キミー**	Kimi	雄	11*	ロッジ側
14	**レキシィ**	Lexi	雌	4	ロッジ側
15	**リンダ**	Linda	雌	>38	ビューポイント側
16	**アチョ**	Aco	雄	15*	ビューポイント/ロッジ側
17	**リア**	Lya	雌	4	ビューポイント側
18	**シーナ**	Sheena	雌	22*	ビューポイント側
19	**ダナム**	Danum	雌	7	ビューポイント側
20	**ルビー**	Ruby	雌	17*	ビューポイント側
21	**スッキー**	Sookie	雌	4	ビューポイント側
22	**アブ**	Abu	フランジ雄	>38	ロッジ側
23	**アリ**	Ali	フランジ雄	>35	ロッジ側
24	**マイク**	Mike	フランジ雄	>35	ロッジ側
25	**ソン**	Son	フランジ雄	>32	ロッジ側
26	**ジョニー**	Johnny	雄	15*	ロッジ側
27	**ゴテン**	Gotenz	フランジ雄	>30	ビューポイント→ロッジ側
28	**キング**	King	フランジ雄	>43	ビューポイント側
29	**ウナ**	Una	フランジ雄	>35	ビューポイント側
30	**ガマン**	Gaman	フランジ雄	>34	ビューポイント側
31	**ジャック**	Jack	アンフランジ雄	28*	ビューポイント側

年齢は2018年時点。*は推定年齢。>は歳以上。無印は正確な年齢

［**備考**］ **1. ヤンティ** 遊動域が重複しているベスより劣位で、おそらく年下。 **2. ジュン** ヤンティの娘。2010年に大ケガを負った直後、衰弱して死亡（推定5歳）。 **3. トイ** ヤンティの息子。2009年に消失、おそらく死亡（4歳）。 **4. シリー** ヤンティの娘。 **5. ベス** 調査対象の雌たちのなかでおそらくもっとも高齢のオトナ雌。ロッジ側で一番優位。 **6. オニ** ベスの息子。 **7. カイ** ベスの息子。 **8. ロム** ベスの息子。 **9. リナ** ロッジ側でもっとも劣位なオトナ雌。2010年に第1子を出生直後に失う。 **10. ケイト** リナの娘（第2子）。 **12. ヤマト** スミの娘。 **13. キミー** スミの息子。 **14. レキシィ** スミの娘。 **15. リンダ** ビューポイント側でもっとも年上で優位のオトナ雌。2011年に死産？ **16. アチョ** リンダの息子。 **17. リア** リンダの娘。 **18. シーナ** 父親はキング、母親は不明。 **19. ダナム** シーナの娘（第1子）。 **21. スッキー** ルビーの娘（第1子）。

＊上記以外の個体間には、血縁関係はない（一部の父子間関係は未調査）。

＊このほかに、名前をつけたが数カ月間しか観察できなかった個体や、2〜3年に1回しか観察できない個体がいる。

［目次］

写真：左手と右足で枝をつかんで、樹上でうたた寝しているオトナ雄アブ

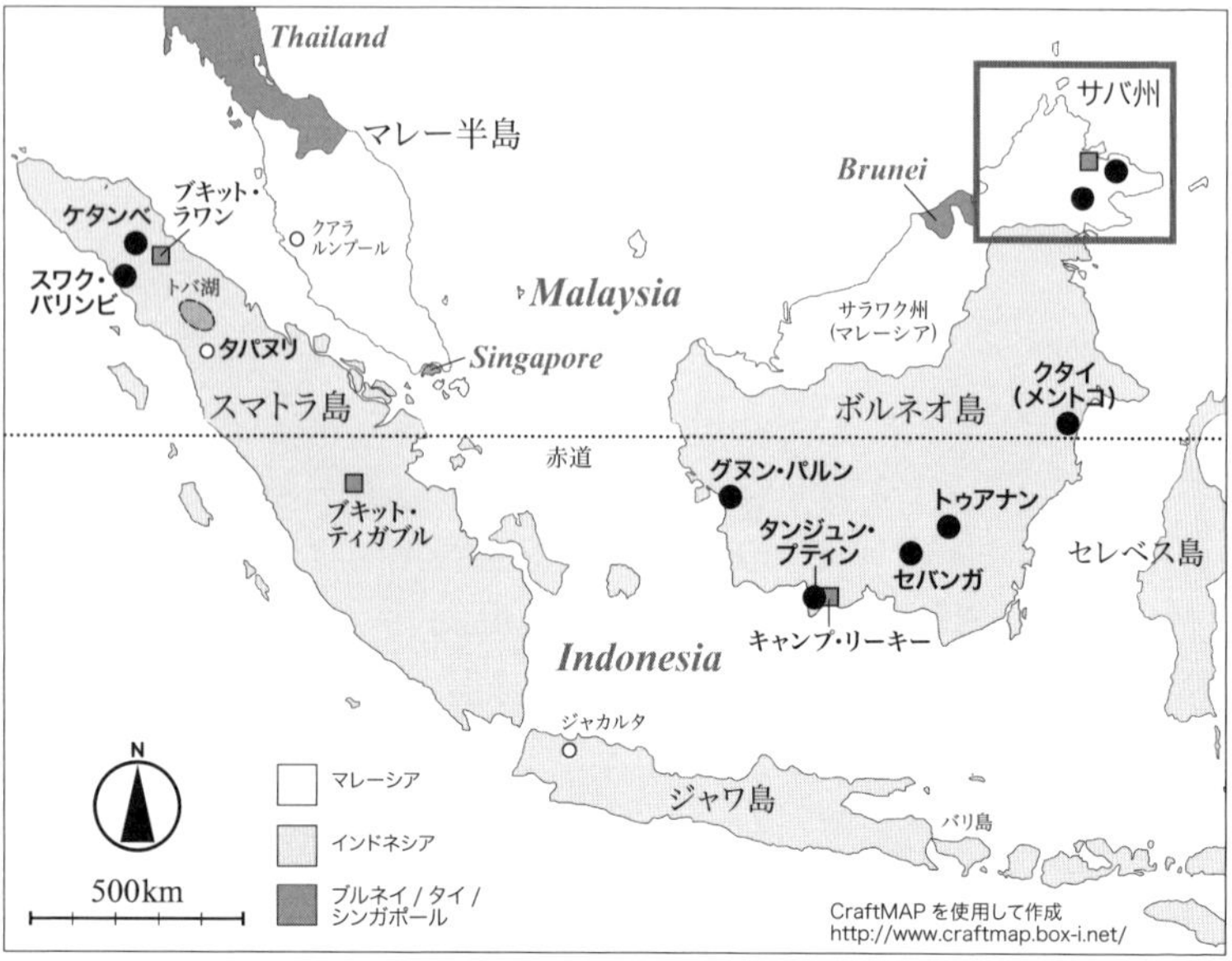

上図・島名の
*「ボルネオ島」は
「カリマンタン島」
*「セレベス島」は
「スラウェシ島」とも
いう

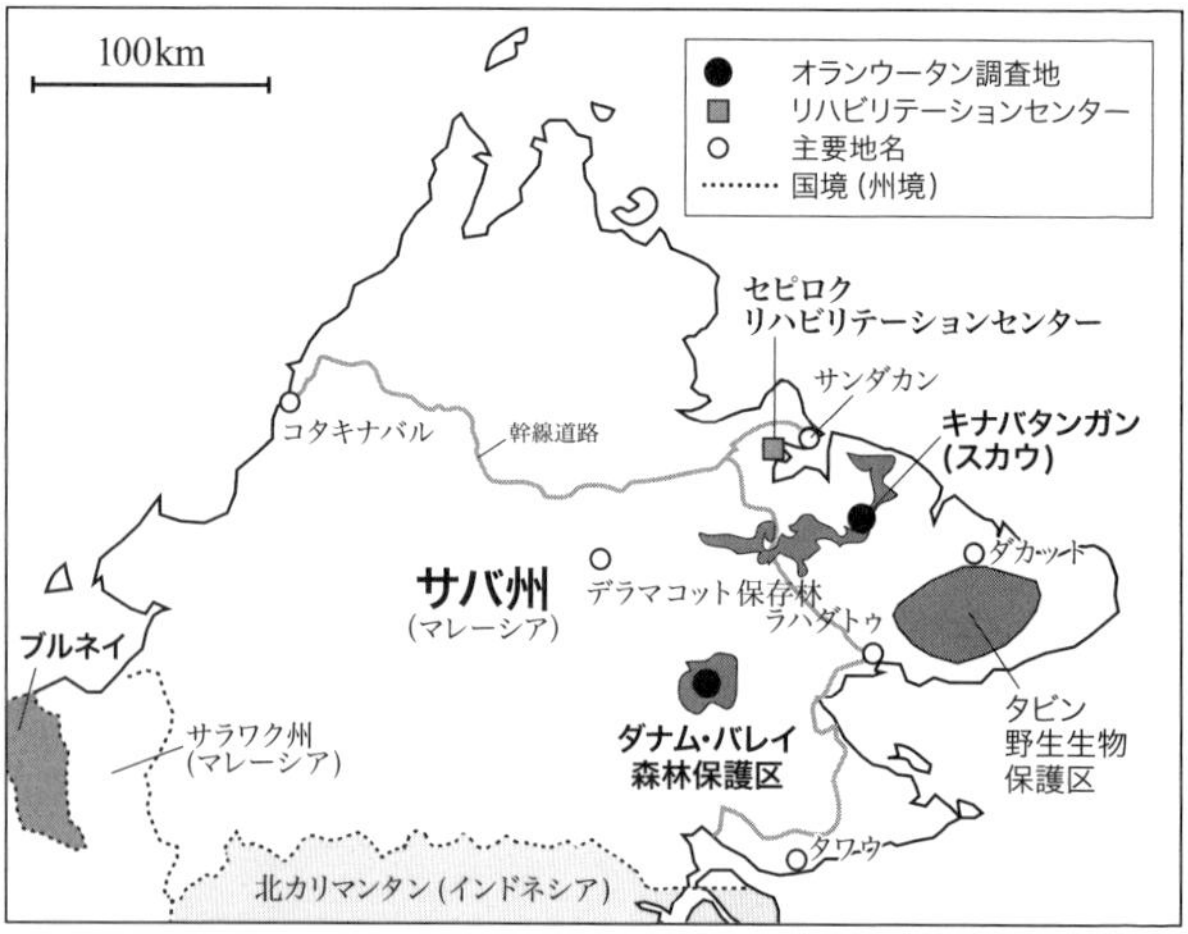

本書に登場するおもな地名　オランウータンの調査地とおもなリハビリテーションセンター（上）。本書のおもな舞台であるマレーシア国サバ州（下）

プロローグ
アジアの隣人

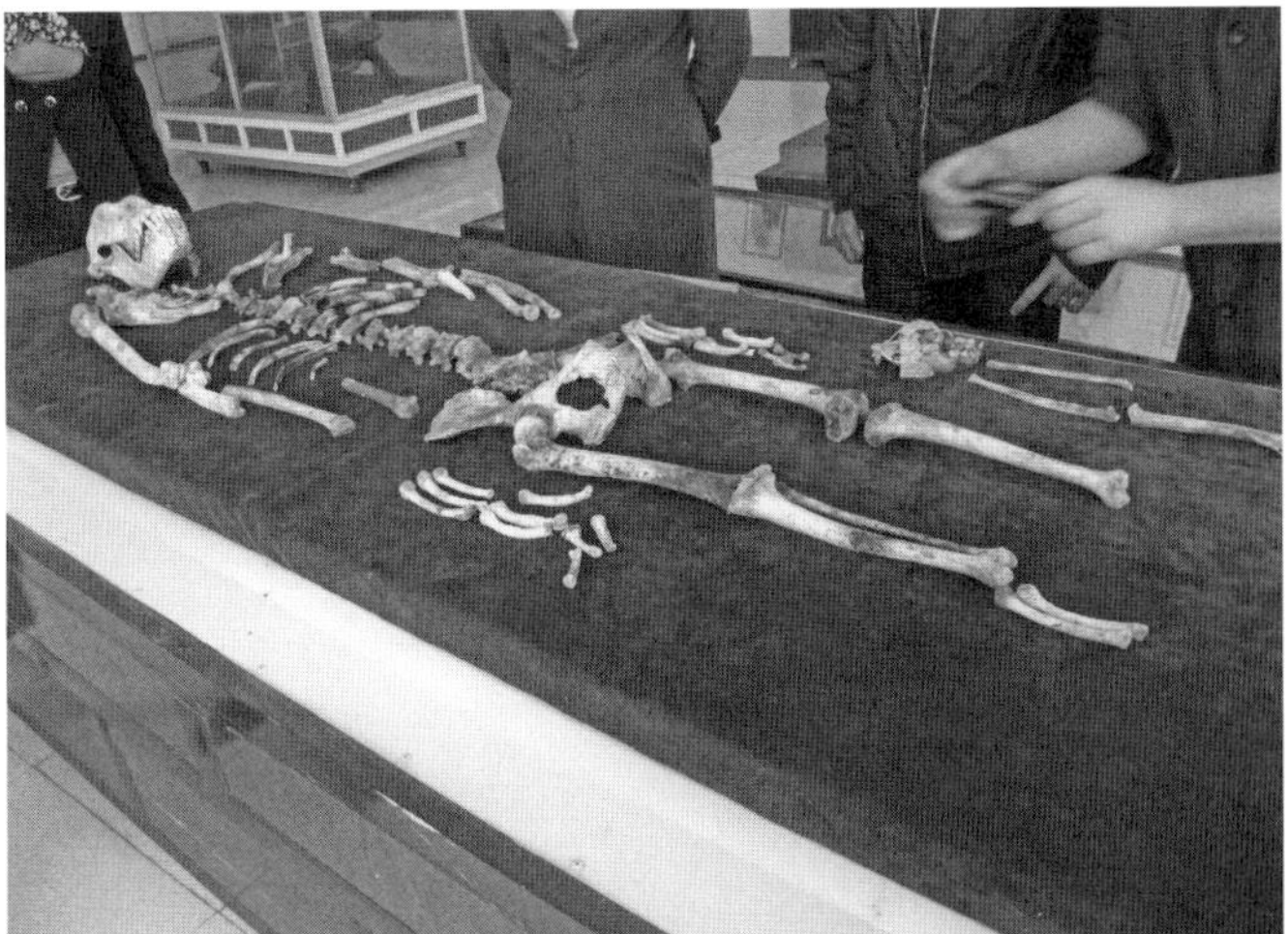

オランウータンのオトナ雌とアカンボウの化石
（撮影：Lim Tze Tshen / ホアビン県立博物館・ベトナム）

二〇一七年一一月、「オランウータンの新種が発見された！」というニュースが世界を駆け巡り、日本の新聞やテレビでも取り上げられた。現生大型類人猿の新種の報告は、一九二九年のボノボ以来八八年ぶりだ。じつはこの新種「タパヌリオランウータン（*Pongo tapanuliensis*）」は、正確には新しい種ではなく、「現生大型類人猿のなかでもっとも古い種」、いわば「生きている化石」ともいえる特徴を備えている。

そもそもオランウータンはヒトにもっとも「遠縁」な大型類人猿である。チンパンジーとヒトの共通祖先が分かれたのはわずか八〇〇万年前だが、オランウータンとヒトの共通祖先が分かれたのは一八〇〇万年も前である。わかりやすくたとえるなら、ヒトとチンパンジーは同じアフリカで生まれ育った兄弟、オランウータンは遠いアジアで生まれ育った従兄弟、といえる。

オランウータンの祖先は、どのような道を経て、現生のオランウータンへと進化したのだろうか。オランウータンの祖先（ヒトやチンパンジー、ゴリラとの共通祖先）は、中新世初期（二〇〇〇万〜一五〇〇万年前）にアフリカを旅立ち、この時代に陸続きになった中東を経て、アジアにたどり着く。以前はインド－パキスタンのシワリク丘陵で出土したシバピテクス（*Sivapithecus*）がオランウータンの祖先であるといわれていて、シバピテクスは人類の祖先だと考えられていた時期もある（シュワルツ 1989）。だが、一九八〇年代ごろから、中国南部で見つかった中新世中期の化石ルーフェンピテクス（*Lufengpithecus*）がオランウータンの直接の祖先ではないか、ということがいわれるようになってきた（Schwartz *et al.* 2003）。さらに二〇〇四年には、タイで発掘された九〇〇万〜七〇〇万年前

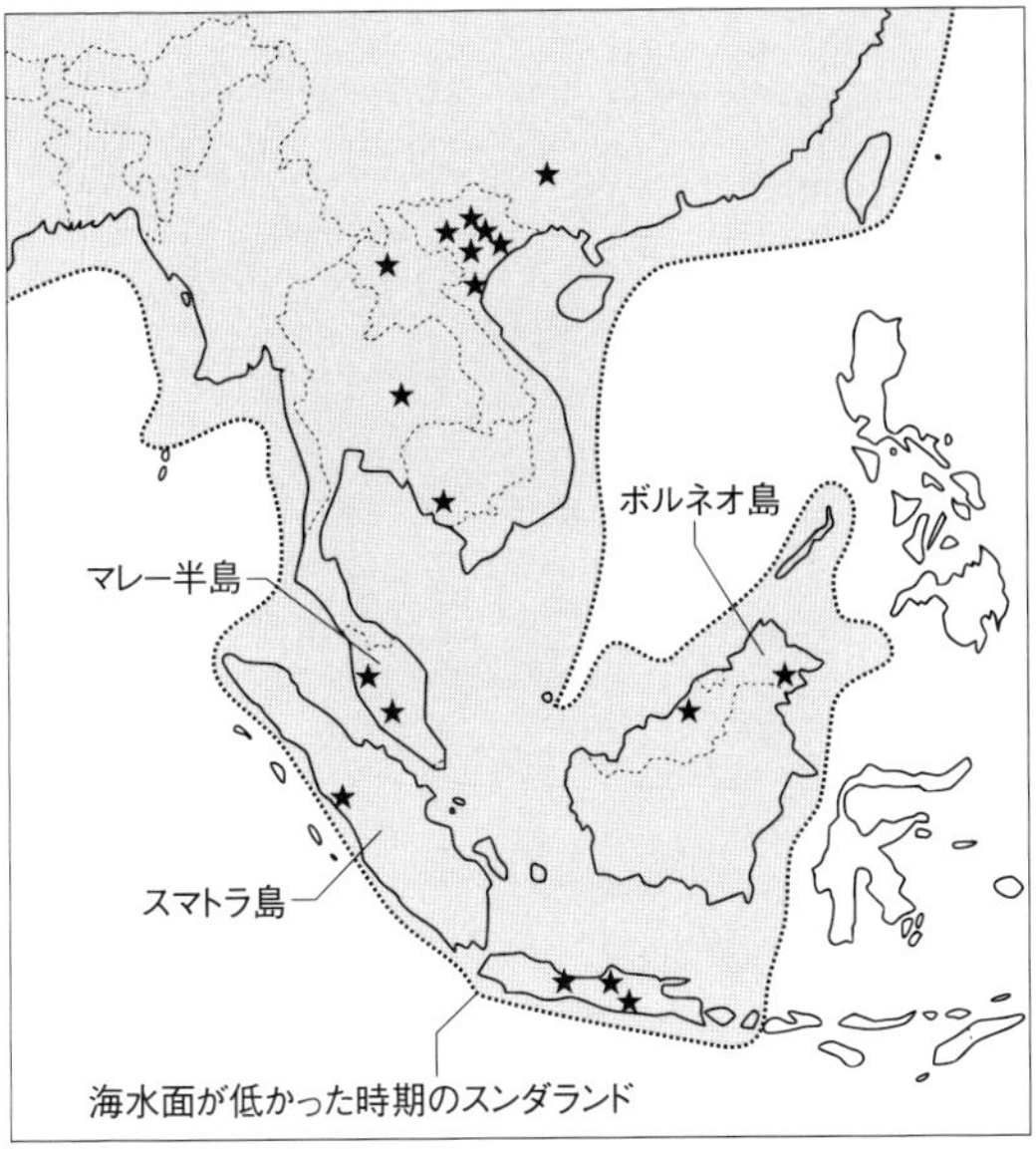

図 0-1 オランウータンの過去の分布。星印はオランウータンの化石が出土した地点（作成：蔦谷匠）。

の化石コラートピテクス（*Khoratpithecus*）がオランウータンの直接の祖先である、という論文も発表されている（Chaimanee *et al.* 2004）。現生オランウータンのもっとも古い化石は五〇万年前のもので、マレー半島で発掘され二〇一三年に報告された（Ibrahim *et al.* 2013）。

現在、オランウータンが生息しているボルネオ島とスマトラ島を含む地域は、更新世（五〇万〜一万年前）には海水面が低下し、マレー半島と陸続きとなり「スンダランド」と呼ばれる大きな陸地になっていた（図0-1）。オランウータンの祖先は少なくとも一五〇万年前にはこのスンダランドへと進出し、タイ、マレー半島、ベトナム、中国南部などのアジア大陸南部からジャワ島を含む広い地域（北緯三〇度～南緯七度）に生息していた（Tshen 2015）。そして集団遺伝学的分析の結果から、タパヌリオランウータンは、このスンダランドへ進出した初期の個体群の直系子孫とされていて、その起源は三三八万年前以上に遡る、とされている（Nater *et al.* 2017）。

アフリカではチンパンジーやゴリラ（および彼らの祖先）の化石はほとんど発見されていないが、オランウータン属とされる化石は、七カ国一二七以上の地点から多数発掘されている。ほとんどは歯だけだが、ベトナムで発見された雌とコドモの化石はほぼ全身骨格が残っている（本章の扉写真）。オランウータンの化石は広域から、多様な大きさの歯が出土しているために、それぞれの化石をどの「種」に分類するか、またそれらの近縁関係や、どれが現生オランウータンの直系の祖先にあたるのか、などオランウータン属の進化史の詳細については、現在もさまざまな仮説が提案されている。また、タパヌリオランウータンの歯をスマトラオランウータン、ボルネオオランウータンおよびスマトラ島から出土した化石種の歯と比較した結果、スマトラ・ボルネオ両種よりも犬歯が大きく、化石種に近い特徴を示していた（Nater *et al.* 2017）。タパヌリ種の発見をきっかけに化石に関する研究の進展も期待できるだろう。

更新世の間は、氷期と間氷期が交互に起き、スンダランドでは海水面の上昇と下降が繰り返され、オランウータンの生息域も何度も拡大・縮小した。またこの間、スマトラ島にあるトバ火山（トバ・カルデラ湖）の大規模な噴火も起きた。こうした気候変動や火山活動の影響を受け、オランウータンの個体数や分布が大きく変動したことが、集団遺伝学の研究から推定されている（Nater *et al.* 2015）。

スンダランドに広く分布していたタパヌリオランウータンから、三三八万年前ごろにスマトラオランウータンが分岐し、六七万年前にボルネオオランウータンが誕生した、と推定されている（Nater *et al.* 2017）。一万年前に最後の氷河期が終わり、スンダランドの一部が水没したが、当時、森林に覆われていた面積をもとに推定すると、スマトラには三八万頭、ボルネオには四二万頭、ジャワ島にも少なくとも一〇万頭のオランウータンが生息していたと推定されている（Rijksen and Meijaard 1999）。一七世紀にはジャワ島のオランウータンは絶滅し（Dobson 1953）、二〇世紀初頭には、オランウータンは現在のような非常に限られた場所（スマトラ島とボルネオ島の一部）でしか見られなくなってしまった。最新の信頼できる報告によると、オランウータンの生息数はスマトラ島に一万四〇〇〇頭（うち八〇〇頭がタパヌリオランウータン）、ボルネオ島に約五万五〇〇〇頭、合計約七万頭で、一万年前の一〇分の一以下に減少してしまった（Wich *et al.* 2008, 2016）。

私たちホモ・サピエンス（*Homo sapiens*）が生まれ故郷のアフリカを旅立ち、最初にスンダランドへと進出したのは五万年より前だといわれている（川端 2017）。ヒトはそのとき、初めてこの赤毛の「従兄弟」と出会った。一方、オランウータンの祖先たちは、中国南部に生息していた史上最大（推定体重三〇〇キログラム）ともいわれる大型類人猿ギガントピテクス（*Gigantopithecus*）属や、中国南部からジャワ島を含む東南アジアの広域に住んでいた原人（*Homo erectus*）たちと何十万年もの間、ともに暮らしていた。そしてこれらの仲間たちが絶滅した後も（川端 2017）、オランウータンだけが生き残った。本書では、ヒトにとってアジアの先輩であり「隣人」でもあるオランウータンが、長い進化の旅路の果てに獲得した、不思議に満ちた身体と生活を紹介する。

第1章
無視された類人猿との出会い
動物園のオランウータン

世界最高齢（推定62歳）だったボルネオオランウータン「ジプシー」（多摩動物公園）

1　動物園の「森の哲人」

あの日もジプシーは、白っぽい虹彩がめだつ目をこちらに向けて、屋外放飼場の端に座っていた。齢四〇歳を超えていた彼女は、あのとき、なにを考えていたのだろう。私がオランウータンと出会ったが、その研究を始めて一八年、飼育個体と野生個体をあわせて、二〇〇頭以上のオランウータンと出会ったが、そのなかでももっとももつきあいが長く、印象に残っている個体は、多摩動物公園の世界最高齢だったオランウータン、ジプシーだ。ジプシーはボルネオ島で生まれ、一九五八年の開園とほぼ同時に多摩動物公園に連れてこられ、以後五〇年以上にわたって、多摩で暮らしていた。ジプシーはコドモのころから今に至るまで好奇心旺盛で、女性ファッション誌を眺めたり、展示場のなかで雑巾掛けやガーデニングにいそしみ（図1-1）、ハーモニカを吹いたりしていた（黒鳥 2008）。その一方、観覧通路を行き交う来園者をじっと観察していることもあった。その姿を見ていると彼女もやはり「（森の）哲人」だ、と思った。

私は野生でも動物園でも、オランウータンを見ていると、「この個体は今、なにを考えているのだろう」と思うことがよくある。動物園で観察していると、来園者からも同じようなつぶやきを聞くことがあるので、これは私の個人的な思い入れだけではないだろう。オランウータンは、ヒトに「なにか考えていそう」だと思わせる「なにか」を持っている。とくにジプシーのような高齢の個体を見ていると、「なにを考えているのだろう」と思うことが多い。若い個体に比べて、じっとしていて動かない時間が長いので、そう感じるのかもしれないが、ほかの動物だったら、じっとしているからといって「なにを考えているのか」と気になることは、これほど多くはないだろう。

この章では、私がどのようにして「森の哲人」と出会い、彼らを研究対象とするようになったのか、をお話しする。私は小さなころから動物が好きで、とくにオランウータンが大好きだった、というわけではなく、高校入学までは動物よりもむしろ歴史（日本史）が好きで、大学は文学部史学科に進学しようと思っていた。だが、高校生のときに読んだ本（『野生のエルザ』シリーズやコンラート・ローレンツの『ソロモンの指輪』など）と、担任だった生物教師が、自ら撮影したアフリカの野生動物の写真を見せてくれたことがきっかけで、野生動物に興味を持つようになった。大学で野生動物の研究がしたい、できれば中大型の哺乳類を対象に、と考えて、野生動物

図 1-1　ガーデニングをするジプシー（撮影：山崎正路）。

管理学研究室がある、東京農工大学農学部に進学した。ところが、学部三年間で受けた講義内容や、野生動物管理学研究室に出入りして先輩方の話を聞くにつれ、野生の中大型哺乳類を研究するのは容易ではない、ということもわかってきた。卒業論文のテーマを選ぶときには、哺乳類の研究はあきらめ、「就職に有利」といわれていた研究室に所属し、同期や先輩とともに、水生昆虫や淡水魚を研究対象として秋田県の農村地域で野外調査を始めた。このときの研究プロジェクトのテーマは、絶滅危惧種のイバラトミヨという淡水魚の生息環境を明らかにすることだった。私が分担したのはイバラトミヨのエサとなる、ヒルやトビケラなどの底生動物が豊富に生息する微環境の特徴を明らかにすることだった。私は研究対象である底生動物にまったく愛情を抱くことができなかった。一方、イバラトミヨを研究対象としていた同期の友人が、この魚に注ぐ愛情を間近で見ていて、「やっぱり愛着を持てる動物を対象に研究したい！」という思いが抑えきれなくなった。そして就職活動をやめて大学院に進学することに決めた。この時点でも研究者になる気は毛頭なく、修士課程の二年間だけでも、中大型の哺乳類を対象に研究がしてみたい、という程度の気持ちだった。

研究者になるつもりがなかったので遠方の大学は候補から外し、都内の自宅から通える範囲にある大学で、哺乳類の研究ができそうな研究室を探し、東京工業大学の幸島研究室にたどりついた。ホームページには「氷河に生息する昆虫から鳥、イルカまで、それぞれが好きな動物を対象に研究している」とあったので、興味を持った。実際に研究室を主宰する幸島司郎助教授（当時）に初めて会ったときのことは、今でも鮮明に覚えている。「動物の研究者になりたいなんて、『芸能人になりたい』っていうのと同じだぞ。好きなことで飯を食うということは、運も実力も両方必要。金になるわけでも、だれかにほめてもらえるわけでもない」、「それでもどうしても動物の研究をしたいというバカな奴は、俺は人類の宝だと思う!」、「で久世さんはなにを研究したいの?」。じつは私はこのときまで、「この動物を研究したい!」という具体的な種を思い描いていたわけではなかった。だが、なぜかこのとき「オランウータン」と即答していた。私のオランウータン研究者としての道はここから開け、幸島先生との出会いがなければ、オランウータンを研究することはなかっただろう。

なぜこのとき「オランウータン」と答えたのか、その後何度か自問自答したが、その理由はおそらく二つあった。一つは「霊長類のなかであまり研究されてなさそうな種」というイメージ。哺乳類の研究がしたいと考えて本を読み、哺乳類は「視覚」よりも「嗅覚」に頼って生きているが、そのなかでヒトも含めた霊長類は「視覚」を発達させた、哺乳類のなかでは特異なグループだということを知った。もともと自分は嗅覚が鈍いという自覚があったので、視覚に頼る霊長類が生きる世界のほうが理解しやすいのではないか、と思った。霊長類のなかではニホンザルやゴリラ、チンパンジーなどはさかんに研究されていて(日本語の)本も多数も出版されているが、オランウータンは本がほとんどない(当時出版されていたのは岡野 1965, マキノン 1977, シュワルツ 1989, 鈴木 1992, ガルディカス 1999)。あまり研究されていないのだろうか、と思っていた(日本語の本がないからといって、研究されていないとは限らない、という話は次節)。

二つめは、私は「動物がなにを考えて生きているのか知りたい」と思っていたこと。私は子どものころに父が飼っていた二〇羽以上のニワトリの世話をしていたことから、同種のなかにも個体差（個性）があることに気がつき、なぜ個体によって行動や性格がちがうのだろう、ということがずっと気になっていた。さらに中学生のころにイヌを飼ったのがきっかけで、「動物にも好みがある」（異性などの個体でもよいのではなく、好き嫌いがある）ということにも興味を持った。「動物にも個性があり、性格も行動も好みもちがう、なぜだろう。野生下で個性ある動物たちはそれぞれなにを考えて生きているのだろう」と考えていた私にとって、「森の哲人」というオランウータンの異名は、心に響いた。残念ながら、この言葉といつ出会ったのか、今では思い出せないのだが、「動物がなにを考えて生きているのか」を考えるなら、オランウータンは適した研究対象の一つだろう、と今も思っている。群れで生活しないが、高度な知能を持つオランウータンは、「それぞれの個体が（なにを考えて）なにを選択したのか」がわかりやすい。群れで生活する動物では、群れの他個体の動きにも影響を受け、群れや他個体を切り離して個々の個体の選択や判断を取り上げるのがむずかしい。その点、オランウータンはつねにひとり、それぞれの個体が独自に判断して行動していることがほとんどだ（第4章で述べるように、他個体の影響を受けることもゼロではない）。「オランウータンがなにを考えて生きているのか」というテーマは、オランウータンを研究対象に選んだときからつねに私の根底にある。そして野生のオランウータンを観察しているときに「今、彼（彼女）はなにを考えているんだろう」と思いをはせるときが、私にとって幸せな時間でもある。

2 世界の壁は厚かった

私が初対面で「オランウータンを研究したい」といったとき、幸島先生は「オランウータンか、それはおもしろいな！」と即座に乗り気になった。今考えてみると、これから大学院に進学しようとしている学生に向かって、こんなことをいえる研究者は、今も当時も世界にほとんどいないだろう。そのぐらい、オランウータンは研究対象として学生には勧めづらい動物だ。当時、幸島研究室で博士号をとったばかりの小林洋美さんが、霊長類の目の形態を種間で比較する研究を行っていて（Kobayashi and Kohshima 1997）、その過程でオランウータンの目の形態は少し変わっている、ということがわかっていた。そのため、幸島先生もオランウータンに興味を持っていた。しかし幸島先生自身はもともと氷河に生息する昆虫の行動が専門で、そこから研究テーマが広がり、当時は昆虫だけでなく藻類も含めた「雪氷生態系」をおもな研究対象としていた。先生がさまざまな動物を研究対象としていた、京都大学の動物行動学研究室出身だったことから、指導する学生には「好きな動物を研究しろ」という姿勢だった。当時の幸島研究室の学生たちはイルカやマメジカ、サイ、ウニ、インコ、ダニなど、さまざまな動物を研究対象にしていたが、幸島先生自身が個々の対象種について深い造詣があるわけでなかった。オランウータンに関しても、樹上性が強く単独性、という認識があったが、どのくらい研究されているのか、くわしく知っているわけではなかった。だが、幸島先生はどんな研究対象につ

図 1-2　多摩動物公園のオランウータンの雌たち（2001 年撮影）。

いても「文献（論文）を読むより、まず本物を観察しろ！」という指導方針を徹底していた。大学院の入学試験をギリギリの成績でくぐり抜けて、幸島研の一員となった私は、多摩動物公園でオランウータンを観察することから始めた。

当時、多摩にはジプシーとその三頭の娘（ジュリー、サリー、チャッピー）と孫娘（サリーの娘ユリー、チャッピーの娘キューピー）と二頭の雄（キューとボルネオ）がいた（図1-2）。二頭の雄はペアリング（交尾）のとき以外単独で、雌たちがいつも全員一緒に屋外放飼場に出ていた（ユリーだけは子離れさせるため、隔離されていた）。五頭の雌を同時に観察できたうえに、ちょうどそれまで、雌たちのなかで一番強かったジプシーが、二女のサリーに負けつつあり、順位が逆転しようとしている時期でもあった。また長女のジュリーは、生後一年で母親から引き離され、妹のサリーが生まれた後に戻された、という複雑な生い立ちだったため（黒鳥 2008）、サリーやチャッピーより順位が低く、つねに妹たちにいじめられていた。今思えば、オランウータンを観察対象として、これほど活発な社会交渉を観察できるのはまれなことだったが、当時の私の興味は社会交渉よりも、彼らの「顔」に向いていた。

なぜなら、前述の小林洋美さんの研究では、地上性の霊長類では、樹上性の種に比べて、相対的に目（眼裂）が横長になる、という結果が得られていた。しかしオランウータンはこの傾向から外れていて、樹上性にもかかわらず相対的に目が横長だった。「なぜオランウータンは目が横長なのか」というのが、私が幸島先生から与えられたヒント（行動観察するときに着目する点）だった。小林さんの研究では、ヒトはとくに目が横長で、ヒトに特有の「白目」とあわせて、視線をコミュニケーションに使うために横長へと進化したのではないか、という仮説を提唱していた。小林さんの研究のなかでもっとも注目を浴びた業績は、「霊長類で『白目』があるのはヒトだけ」ということを明らかにしたことだった。ヒトの「白目」は虹彩（瞳）のまわりの「強膜」と呼ばれる部分が「着色していない」ので白くなっている。ヒト以外の霊長類はすべて、強膜に茶色や黒などの色がついていて、虹彩をめだたないようにしている（ニホンザルはもちろん、オランウータンやゴリラなどの類人猿も）。これは視線をわかりにくくすることで、同じ群れの仲間や捕食者に対して、自分の注意がどこに向いているのかを隠蔽する効果がある。ヒトは、同種の個体間で視線を用いたコミュニケーションを活発に行うように進化し、強膜を着色することをやめて、むしろ視線を「強調」する方向に進化した、というのが小林さんの結論だった（小林・橋彌 2005）。この研究は自然科学の分野ではもっとも権威のある学術雑誌「Nature」にも掲載され、今では人類学や認知科学の教科書にも載っている。ところで幸島先生には、この論文のほかに、氷河に生息するヒョウガユスリカの発見と、イルカの睡眠という、まったくちがう研究テーマで合計三本、「Nature」に論文が掲載された経験がある。

幸島先生からは「オランウータンも樹上性で単独性だが、ヒトと同じように視覚コミュニケーションが重要なので、目が横長なのかもしれない」という可能性を指摘された。一方、小林さんには、「体が大きな種でも目が横長になるから、オランウータンの目が横長なのも、体が大きいからではないか」といわれた。体が大きな種では、頭全体を動かして視野を変えるよりも、目だけを動かして視野を変えるほうがエネルギーを節約できるので、体が大きな種では相対的に目が横長になる（小林・幸島 2005）。こうした知見をふまえて、顔や視線に注目して観察していると、気になったのは、オランウータンのコドモの目のまわりの皮膚が白いことだった。コドモは目と口のまわりが白いのに（図1-3）、オトナになると顔全体が真っ黒になる。いろいろな年齢のオランウータンを見ると、だれでもすぐに気がつくことだが、何歳ごろにどのように変化するのか、くわしく調べた研究はなかった。「この皮膚の白い部分は、『コドモ』であることをアピールする視覚的なサインかもしれない」そんな仮説が浮かんできた。

仮説を検証するために、ようやく英語の文献を読み始めた私は、欧米の研究者によって、オランウータンの生態や行動に関する研究が数多く発表されていることを初めて知った。日本語の文献や情報が少ないだけで、私が思っていたほどオランウータンは「研究されていない動物」ではなかったのだ

(たとえばDelgado and van Schaik 2000)。このときに私の頭に浮かんだ言葉「日本の壁は異様に薄かったが、世界の壁は異常に厚かった」(川原泉『銀のロマンティック…わはは』で、男女ペアのフィギュアスケート日本人選手が日本のペア層の薄さと世界の層の厚さを実感してつぶやく台詞)。「もうこんなにいろいろオランウータンのことがわかっているのに、私が研究する余地なんてあるだろうか」とショックを受けたが、多摩での観察を通じて、オランウータンにすっかり魅了されていた私は、今さら研究対象を変える気にはとうていなれなかった。

図 1-3　オランウータンのコドモの顔(目と口のまわりの皮膚が白い)。

私がオランウータンの研究を始めた後にも前にも、オランウータンの研究を志した学生や若手研究者は何人もいたことを知っている(私が知らない人もたくさんいるだろう)。だが、指導教官が霊長類にくわしい研究者だった場合、オランウータンを研究対象にすることに難色を示されることが多く、ほとんどの人があきらめている。それは、日本語では情報がないだけで、ある程度研究されていることを教官たちは知っているからだ。さらに後述するように、オランウータンは研究対象として「効率が悪い（お金や時間、労力などのコストに見合う成果を出すのがむずかしい）」ことをよくわかっているからだろう。幸島先生が躊躇なくオランウータン研究を後押しできた理由の一つは、オランウータン研究の現状を知らなかったこと、があったと思う。もちろん、それだけではなく、視覚コミュニケーションをヒントにすれば研究成果が上げられるだろうという見込みがあったことも大きい。こうして私たちの無謀ともいえるオランウータン研究は始まった。

3 「顔」がすべてを語る

修士論文では「目や口のまわりの皮膚の白い部分は、『コドモ』であることをアピールする視覚的なサインである」という仮説を検証することを目的に、さまざまな年齢の個体の顔写真を集めて、目や口の皮膚の白い部分の面積を測定し、年齢にともなう変化を調べることにした。年齢がわかっている個体の、正面顔で表情のない顔写真が必要だったため、小林さんの研究のように写真集や本から資料を得るのがむずかしく、自分で撮影することになった。国内の動物園をいくつかまわったが、とくにコドモのサンプルが不足していた。また、ガラス越しでしか観察できない施設では、ガラスの曇りや映り込みのために、分析に使えるような写真を撮影することができなかった。そこで、ボルネオ島

図 1-4　セピロク・オランウータン・リハビリテーションセンター。

マレーシア領サバ州にあるセピロク・オランウータン・リハビリテーションセンター（図1-4）に保護されているオランウータンを研究対象に加えることになった。当時、幸島研究室の先輩の松林尚史さんが、マメジカの研究をするためにセピロクに滞在していたので（松林 2009）、その伝手を頼って修士二年（二〇〇〇年）の六月に渡航した。

セピロクでは、オランウータンセンターから徒歩二〇分ほどのところにある、サバ州森林局研究所の宿泊施設（もともと日本の青年海外協力隊員の宿舎として建設された建物）に滞在し、自炊しながら毎日オランウータンセンターに通った。最初の三日間は、松林さんと、松林さんの友人で、サバ州タビン野生生物保護区でマレーグマの研究をしていた野村冬樹さん（当時、北海道大学）に撮影などを手伝ってもらった。

図 1-5　コンデジを破壊したオランウータン。

センターでは、オランウータンの世話をするレンジャーたちの手伝い（エサの準備や掃除）をしながら、個体の名前や特徴を教えてもらい、写真を撮影した。当時はコンパクト・デジタルカメラ（以下、コンデジ）が、貧乏学生でもようやく手の届く価格になっていたが、一眼レフのデジタルカメラは高級品で手が出せなかった。撮影後はパソコン上で画像解析ソフトを使って分析することや、その場で写真のできをチェックしたかったので、銀塩一眼レフカメラは選択肢にならず、オリンパス製のコンデジを日本から持参した。だが、本格的に撮影を開始したその日のうちに、撮影対象のオランウータンのコドモにズームレンズ部分をもぎ取られるというアクシデントが発生する（図1-5）。驚きながらもまずはその個体を追いかけ、口に入れていたズームレンズを取り戻した。思ったよりも被害は小さく、ズームレンズをぽこっとはめれば、簡単になおるかと思えたが、それは甘かった。

けっきょく、事件のあった日から三日後にセピロクに遊びにくる予定だった当時の交際相手（後の夫）に、研究室の銀塩一眼レフやリコーのコンデジなどを持参してもらった。そのときの幸島先生からのメッセージが「金で解決できる問題は解決してやるけん、金で解決できない問題を起こさぬように」だった。ほっとしたのもつかの間、リコーのコンデジが六四ＭＢのスマートメディアを認識しない、という問題が発覚。その後、近くの町（サンダカン）で三二ＭＢのスマートメディアを入手して、ようやくリコーのコンデジで撮影できるようになった。最終的に、一カ月ほどセピロクに滞在し、五八個体の写真を撮ることができた。このとき以来、私は調査地に必ず予備の撮影機材を保管するようにしている。

国内の動物園では二一個体を撮影し、〇歳から四八歳のボルネオオランウータン合計七九個体分のサンプルを得ることができた。小林さんの論文を参考に、NIH-Imageという画像解析ソフトを用いて、撮影した画像の「目尻－目頭間距離の二乗」で「目と口周辺の皮膚の白い部分（明色部分）の面積」との比をとり、これを明色部分の相対値とした（図1-6）。明色部分が顔のなかで占める相対的な割合を調べた結果、目や口周辺の明色部分は三歳以降急速に黒くなることが明らかになった。三歳は離乳が進む時期（主要な食物が母乳から固形物に置き換わる）にあたるため、目や口周辺の大きな明色部分は離乳前の乳児であることを示す社会的な信号「乳児の徴（インファント・シグナル）」である可能性が高いと考えられた。さらに雄・雌ともに、七歳前後から頭の毛がインファント・ヘアー（疎らに生え、直立する毛）からアダルト・ヘアー（密に生え、倒れた毛）に変化することが明らかになった。野生下では七歳前後に母親から独立するため、これらの特徴は母親に依存したコドモであ

図 1-6　顔画像解析。

ることを示す「幼児の徴（ジュビナイル・シグナル）」である可能性が高い。七歳以降の雄、および二〇歳以降の雌では、まぶたが黒くなり（まぶたは目周辺のなかでも一番遅くまで明色のままである）、頬ヒゲと顎ヒゲがめだってくる。雌は一〇歳前後から繁殖を開始するため、明色のまぶたやヒゲのない口もとは繁殖経験の浅い若い雌（一〇〜二〇歳）であることを示す特徴、「若雌の徴（ヤング・フィーメル・シグナル）」と考えられる。また、フランジが未発達のオトナ雄と二〇歳以上の雌には顔形態の差がほとんど見られないことも明らかになった（図1-7）。

これらの特徴は、特定の成長段階であることを他個体に示す「年齢の徴（エイジ・シグナル）」として、また、性成熟にともなって雄と雌で異なった変化を示す特徴は、「性の徴（セックス・シグナル）」として機能している可能性が高いと考えられた（Kuze *et al.* 2005）。チンパンジーやゴリラの乳児は尻に白い毛が生えていて、これは「アカンボウの徴」とされている（図1-8）。白い毛が生えている

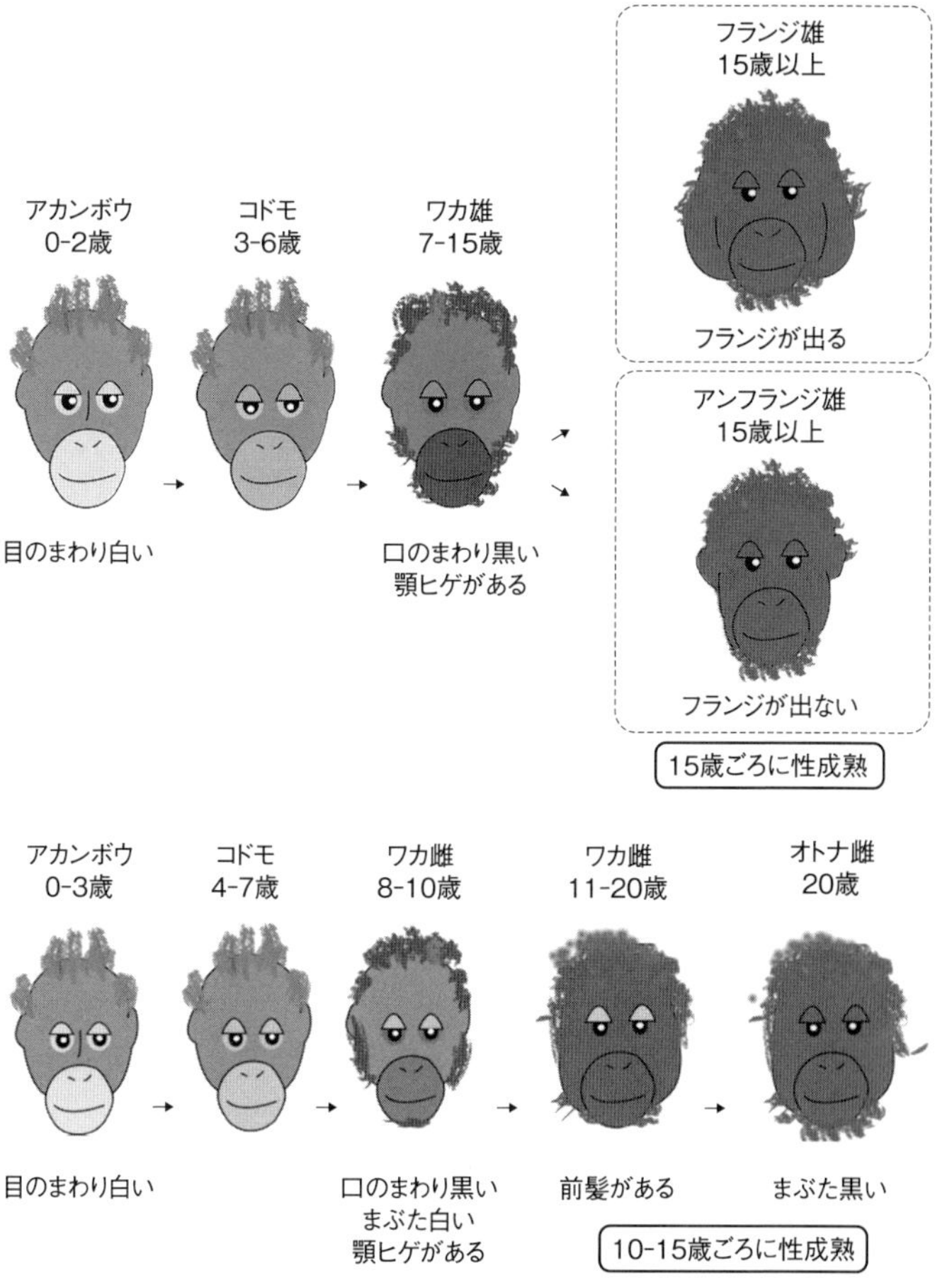

図 1-7　オランウータンの顔の変化（作成：山崎彩夏）。

図 1-8　チンパンジーの尻の白い毛。

うちは、なにをしてもオトナに怒られることはないが、白い毛が抜けると、群れのリーダーや上位の個体に挨拶をしないと怒られるなど群れのルールにしたがわなければならなくなる（ネイピア・ネイピア 1987）。オランウータンのアカンボウは尻には白い毛がないので、この目と口のまわりの明色部分が、「尻の白い毛」の代わりをしているのかもしれない。

この研究を論文にまとめる前に、国内の学会で発表したときのことは今でも忘れられない。研究の背景を説明するために、オランウータンにとって顔形態が重要と考えられる理由として、オトナ雄のフランジが発達するか否かが、社会的地位によって決まっている（弱い雄はオトナになってもフランジの発達が抑制される＝アンフランジ雄）、という「二型成熟」の話をすると、私自身の研究成果よりも、フランジの話に注目や質問が集中した。一九九〇年代後半から、フランジの発達過程やフランジ雄とアンフランジ雄の生理学的、行動学的ちがいなどの研究が海外では行われていたが、日本ではほとんど知られていなかった（フランジについては第4章参照）。当時は学会発表するたびに、自分自身の研究よりも、フランジの話をしている時間のほうが長く、「これでは研究発表というより（他人の）研究紹介だ」と思うことも多かった。

こうした経験もあったので、当時は自分の研究の価値に自信が持てなかったが、二〇〇五年から野生個体を観察するようになると、「顔を研究してよかった！」と自信が持てるようになった。新しく出会った個体も、目や口のまわりの皮膚の白い部分の大きさや、顎ヒゲ、頭の毛などを見ることで、推定年齢を絞り込むことができる。野生のオランウータンを本来の生息環境で観察するようになって、なぜ顔に性や年齢を示す特徴が集中しているのか、実感をともなって理解できた。樹上一〇〜五〇メートルの世界では、体の大きさはその個体の性や年齢を知る手がかりとしてはほとんど役に立たない。一〇メートルの高さでは大きく見える個体も、五〇メートルの高さでは小さくなり、コドモかオトナかすら、わからないことがある。そんなときでも、顔さえ見えれば、性・年齢をある程度知ることができる。

修士のときには、忘れられない出会いもあった。研究期間が二年と短く、サンプルも自分で集めるほかなかったために、縦断的な研究（同一個体の顔の経年変化を調べる）ができず、横断的研究（複数の年齢のちがう個体を調べる）しかできなかった。なんとかこの溝を埋められないかと考えていたところ、「個人でオランウータンを飼育していた家庭がある。写真などが残っているかもしれない」という情報を動物園関係者から入手し、そのご家庭を訪問することができた。愛媛県伊予市在住の山川夫妻は、ワシントン条約発効前の一九六九年に、地元の獣医師が預かっていたオランウータンの子（当時推定〇歳）に一目惚れし、頼み込んで引き取り、「ヒトシ（斉）」と名づけてわが子同様に育てた（山川 1985）。私が山川さんを訪ねたときは、本の著者である山川修さんはすでに亡くなっていて、書道の教室を開いていた妻の山川貞子さんが、修さんが撮影してつくったヒトシのアルバムや、メディアに紹介されたときの資料（テレビ番組の録画など）を保管していて、くわしいお話を聞くことができた。ヒトシを飼い始めて一年したころ、オトナになると巨体になることを動物園で実感すると同時に、このまま自宅で飼っていても、結婚もできずコドモも残せないことをかわいそうに思い、断腸の思いで近くの道後動物園（現愛媛県立とべ動物園）に寄贈したこと。しかしわが子を失ったかのようなノイローゼ状態になり、動物園に頼み込んで再び家で飼うことにしたこと。保健所から猛獣飼育の許可をもらい、動物園並の檻をつくって終生飼うことを決意したこと。この檻は、私が訪問したときにも庭に実物が残っていたが、大きさは動物園の寝室程度で、頑丈さも同じくらいのように思われた。「自由に行動させてあげられないから、せめて食べものだけはおいしいものを好きなだけ食べさせたい」と、寿司や日本酒まであげていた話も聞いた。テレビ、ラジオなどのメディアにも多く取り上げられ、動物園から、希少動物を個人がペットとして飼うことに対して、抗議を受けたこともあったそうだ。今でもインドネシアや中国などでは、ペットとしてオランウータンを飼いたいという需要があり、それが生息地での密猟を促していることを知っているだけに、個人でオランウータンを飼うことを私は肯定できないが、山川夫妻の「覚悟」と「わが子として接する」ことに徹した姿は、「めずらしいペットを飼いたい」という人たちとは一線を画しているように思った。

肝心のヒトシの写真は、コドモのころは病気がち（気管支系の疾患が多かった）で、看病に追われていたこともあり、非常に少なかった。一方、一〇歳ごろから亡くなった一八歳までは大量の写真が撮影日順にきれいに整理されて残されていた。おそらく動物園でもこれほどきちんと整理されたかたちで、一個体の写真を残している例はないだろう。山川貞子さんからは「私が死んだら捨てられてしまうから、どれでも好きなものを持っていって」という寛大な申し出をいただいたが、大量のアルバムを保管する場所が私にはなく、一年ごとに写真を選んでいただいた。ただ、引き取られた当初の写真だけ、そのまま手元に残したいとの希望だったので、コピーをとってお返しした（図1-9）。ヒトシの写真もセピロクや動物園で撮影した写真と同様に分析し、横断的な研究の結果を支持する縦断的な資料として論文でも紹介し、謝辞に山川さんのお名前も入れることができた。山川さんとはその後もずっと年賀状のやりとりを続けていたが、二〇一四年に亡くなられたようだ。あの大量のヒトシのアルバムや資料がどうなったのかわからないが、私があのときいただいた資料は、まだ手元に残っている。オランウータン研究を続けて二〇年近くたち、野生での調査も一二年を超えたので、今なら手元にある資料や、伝手を頼って資料を集め、縦断的研究も行うことができるだろう。修士のときの研究をもっと精密に検証することも、いつかはやってみたい。

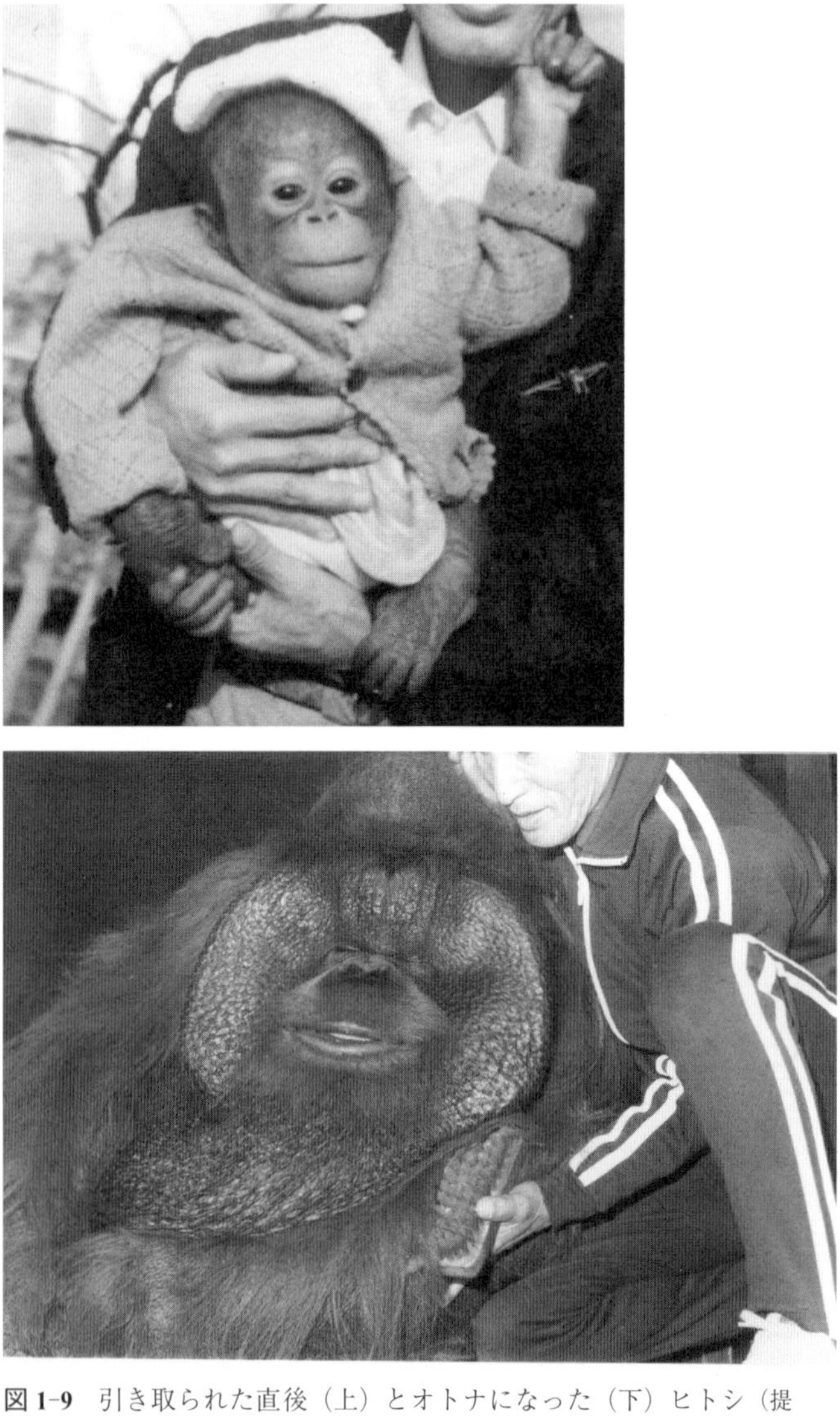

図 1-9　引き取られた直後（上）とオトナになった（下）ヒトシ（提供：山川貞子）。

第2章 動物園と野生のはざまで

半野生のオランウータン

森のなかの給餌台にやってくる、ヒトに育てられた孤児のオランウータンたち（セピロク）

1　フィールドを求めて

修士課程二年のとき、博士課程に進学して研究者になることを迷っていた私は、修論の研究と平行して就職活動も行っていた。ところが、最終面接までこぎつけた大手ＩＴ企業で、面接官に「君は研究を続けたいんでしょう」といわれ、不採用。このことがきっかけで、博士課程に進学する決心がついた。飼育下で野生動物の行動を研究していた人ならだれでも一度は思うことだろうが、私も「博士課程では、野生のオランウータンが研究したい！」と考え、博士課程一年目（二〇〇一年）にボルネオ島で調査地を探す旅をした。

このときもインドネシアは政情不安で、伝手もなかったため、マレーシア領サバ州内のスカウ村、タビン野生生物保護区、ダナム・バレイ森林保護区、そしてタワウの四カ所をまわった（巻頭の地図参照）。スカウ村では、一九九八年からフランス人のマーク・アンクレナス（Marc Ancrenaz）博士とイサベル・ラックマン-アンクレナス（Isabelle Lackman-Ancrenaz）博士が二次林に生息する野生オランウータンの調査に取り組んでいた。私が二〇〇〇年にセピロクで調査をしていたときにレンジャーやツアーガイドたちは「フランス人（アメリカ人という説もあった）の金持ちが、スカウでオランウータンの調査と保護の活動をやっているらしい」とうわさしていた。どんな人たちなのだろう

図 2-1　スカウのオランウータン調査地（2001 年撮影）。

か、と不安に思いながら拙い英語でなんとかアンクレナス博士たちと連絡をとり、スカウ村の調査基地を初めて訪れたのは二〇〇一年七月だった。高床式の立派な建物が博士たちの住居兼調査基地で、博士夫妻と当時三歳の息子さんが暮らしていた。そのまわりには訪問者や学生が宿泊できる部屋（長屋）もあり、私はそこに泊めてもらうことができた。さらに、マークさんたちが調査助手として訓練した村人たちと一緒に、初めて野生のオランウータンの調査に同行する機会も得た（図2-1）。

拙いマレー語と英語で、博士や調査助手たちと話し、野生オランウータンの調査のたいへんさの一端を知ることができた。早朝から夕方まで探しまわっても見つからないことが多く、発見できても実際に観察できる時間はわずか。長い時間、ひたすら地上で待ち続ける忍耐力が必要だ、等々。とくにスカウは、キナバタンガン川というサバ州最長の大河の河辺林なので、地面はぬかるんでいて長靴を履いていても歩きにくいことこのうえない。私が訪れたのは乾季だったが、雨季は洪水で調査ができないこともある、と聞いた。

マーク・アンクレナス博士は、うわさとは異なり、これまでに中東でアラビア・オリックスの野生復帰事業などを手がけ、アフリカのマダガスカル島でアイアイの研究に取り組むなど、研究者としても保護活動家としても豊富な経験と知識を持っていた。スカウでのプロジェクトも、二次林に生息するオランウータンの生態を明らかにするとともに、保全活動を行うために、地元の人たちを大量に雇って、調査活動を立ち上げていた。また、博士たちは大学などの研究機関には所属しておらず、フータン（HUTAN：http://www.hutan.org.my/）というNGOを立ち上げ、欧米の動物園や裕福な人々から寄付金を集めて、サバ州で活動していた。マークさんからは「君がここで調査するなら、調査に使うボート代や、調査助手の給料（の一部）などの費用を負担してもらわなければならない。でも今うちのプロジェクトでは、マレーシア人の学生しか原則として受け入れていない（マレーシア人の学生の場合は、費用負担なし）。とくに博士課程の学生は今まで受け入れたことはない」といわれ、不可能ではなさそうだが、ここで調査をするのはむずかしそうだ、と感じた（実際、二〇一三年までマークさんたちのプロジェクトに加わった非マレーシア人の博士課程の学生はいなかった）。当時は、松林さんや野村さんなど、サバで調査をしていた先輩方にならって、日本で得た奨学金をおもな資金として、私は調査研究するつもりだったので、スカウで必要とされる資金を賄えないのではないか、という不安もあった。

今思えば、野生オランウータンを調査するのに、まともな研究資金も持たず、わずかな資金だけでやりくりしようなどという考え自体が馬鹿げた話なのだが、当時の私はそんなこともわかっていなかった。ほかの野生動物の調査と異なり、オランウータンの調査では調査助手が必須であり、ある程度まとまった資金を確保できないとむずかしいことは、今では骨身に浸みている。そのようなことにも知らない無謀な日本人の若者に、マークさんたちはとても親切にしてくれた。その後も、アンクレナス博士夫妻との付き合いは続いており、博士たちが日本を訪問したときに案内し、スカウ村の調査地にもその後も数回、訪問している。とくにダナム・バレイで調査を始めてからは、調査助手との付き合い方から調査方法まで、多岐にわたってアドバイスをもらうことも多く、とても助けられている。マークさんたちのスカウ村でのプロジェクトは、村人とのトラブルで、せっかく建てた調査基地を手放すなど紆余曲折もあった。現在では、オランウータンの専門家として、サバ州はもとより世界的にも知られていて、オランウータンの保全に関する論文や報告書を精力的に発表している。

スカウの次に訪れたのは、マレーグマを研究していた野村冬樹さんの調査地、タビン野生生物保護区だ。タビンはサバ州第三の都市ラハダトゥから車で一時間ほどのところにある、周囲をオイルパーム農園で囲まれた面積一二三〇平方キロメートルの二次林だ（へきしへは中島 2014）。一九八〇年代に大規模な伐採が行われて、手つかずの原生林は保護区のまんなか（コア・エリア）にわずかしか残っていない。しかし、マレーグマやボルネオゾウ、スマトラサイなど哺乳類の生息が確認されており、

図 2-2　タビン野生生物保護区の泥火山。

とくに泥火山（マッド・ボルケーノ）（図2-2）付近ではボルネオゾウを含む多くの野生動物を見られる、と聞いていた。現在はタビン・ワイルドライフ・ロッジという観光客向けの宿泊施設もあるが、私が訪問した当時はまだ建設中だった。野村さんが泊まっている、サバ大学所有の宿泊施設の近くでオランウータンを見かけることがある、と聞いたので、調査ができるかもしれない、と考えて訪問した。ちょうど大学の後輩の谷さやかさんが、青年海外協力隊員として、タビンで野生生物局のレンジャーと一緒に鳥の調査をしていたので、彼女の家に泊めてもらった。宿舎周辺のトレイルを歩いたり、レンジャーやネイチャー・ガイドたちにオランウータンの目撃情報を聞いたりした。確かにタビンではオランウータンを見ることができるようだったが、目撃頻度は一～二カ月に一回程度、人間に対する警戒心も強く、調査はむずかしそうだった。

タビンでの忘れられない経験は、新月の夜に満天の星空のもとで（懐中電灯を使わずに）道を歩いたことだ。ロッジから谷さんの家への帰り道、「星明かりで影ができるほど明るいなんて！」と驚いた。今でも夜、樹上のネスト（ベッド）のなかで眠るオランウータンのことを考えるときに、「月が出ていなくても、晴れていれば意外と明るいんだよなぁ」とその情景を思い浮かべ、タビンでの夜を思い出すことがある。この後、タビンには金森さんとダガット村を訪れたとき（金森 2013）に通過したぐらいで、ほとんど行っていない。野村さんが調査を終えた後も、中島啓裕さん（当時、京都大学大学院理学研究科）、中林雅さんや松川あおいさんなど京都大学野生動物研究センターの大学院生たちが調査をしていて（へわしへは田島ほか 2016）、ダナム・バレイからももっとも近い調査地なのだが、案外そういう場所のほうが訪れることは少ないのかもしれない。

タビンの次に訪れたのは、当時から熱帯雨林の研究拠点として世界的にも有名だった、ダナム・バレイ森林保護区内にある「ダナム・バレイ・フィールド・センター（以下ＤＶＦＣ）」だった（図2-3）。ダナム・バレイ森林保護区は、今では貴重となった手つかずの原生林が残り、保護区内で大規模な森林伐採は行われたことはない。一九六四年にイギリス王立協会が、「貴重な原生林なので保護するべきだ」と、この地域の伐採権を持つ、サバ財団に提言した。サバ財団は提言を受け、ダナム・バレイ森林保護区を設立し、保護区内では伐採を行わず、教育研究に利用されることになった。だが、保護区の周辺では、その後も二〇〇九年まで伐採が行われていた（金森 2013）。イギリス王立

図 2-3　ダナム・バレイ・フィールド・センター。

協会が一九七二年に保護区内に設立した調査拠点がDVFCだ。DVFCは現在に至るまで、熱帯雨林の研究拠点として、中米バロ・コロラドのスミソニアン熱帯研究所やサラワク州のランビルヒルズ国立公園などと並んで、世界的にも有名である（ローレット 2013）。DVFCには、研究者や学生向けの宿泊施設が数種類あり（ドミトリー、レストハウスなど）、私は一番安いドミトリーに五日間滞在して、レンジャーと一緒に周囲の森を歩いたり、イギリス王立協会の調査プロジェクトのスタッフに話を聞いたりした。オランウータンは生息しているものの、観察頻度はタビンより少し高いぐらいで、観察は簡単ではない、という印象を得た。また、長期滞在できる宿泊施設の宿泊費が一カ月一〇〇〇RM（約三万円）以上したので、とても自分の予算では賄えないと思った（セピロクでの宿泊費は当時一五〇RM／月だった）。

　この後、サバ州第四の都市タワウ（インドネシアとの国境近く）に行き、タワウ・ヒルズ公園や、森林伐採が進行中のカラバカン地域も訪問した。タワウ・ヒルズ公園は、水源涵養林として保護されている森林地帯で、地元住民向けの宿泊施設を含むレクリエーション設備が整備されていた（図2-4）。しかし、オランウータンの目撃情報も、過去に生息していたというデータもほとんどなかっ

図 2-4　タワウ・ヒルズ公園。

た。カラバカンには、野生生物局のタワウ支局長（当時）ジューム・ラフィアさんに連れていってもらった。伐採キャンプの労働者たちからオランウータンを見たという話や、伐採道路沿いにオランウータンのネストも見かけたが、伐採されたばかりの大木の丸太が並ぶ光景を見て（図2-5）、とても調査はできないと思った。そもそもジュームさんがカラバカンに行った理由も、ゾウが伐採キャンプを襲ったという連絡があったので、その現場検証が目的だった。

けっきょく、サバ州内をあちこちまわった末に、今の私の能力（語学力、マネジメント能力等々）と経済力では野生オランウータンを調査するのは無理だと判断し、修士のときに滞在したセピロクで調査をすることに決めた。セピロクは原生林が残っており、人間が与えるエサを利用しながらも、森林のなかで自由に生活して

図 2–5 カラバカン。

いる半野生個体を、野生に近い環境で観察できる。当時の私には次善の策に思えた。また、野生個体に比べて、高い頻度で多くの個体を確実に観察できることも期待できた。二〇〇一年後半には、民間の助成金（住友財団環境研究助成、公益信託四方記念地球環境保全研究助成基金）も獲得し、順調な滑り出しに思われた。

2 つるむ若者たち

博士論文の研究テーマは、「オランウータンの視覚コミュニケーション」、彼らがたがいにどのように他個体を見ているか（見られているか）を明らかにすることだった。修士論文で明らかになった、性や年齢に特徴的な顔形態が、ほんとうに視覚信号として機能しているならば、信号を「受け取る」行動、すなわち「見る」行動にもなにか特徴があるだろう、と考えた。オランウータンセンターの周辺で、一日一個体を追跡個体と決めて、その行動を直接観察によって一分間隔で記録しながら、五メ

図 2-6　著者の帽子を被って遊ぶオランウータンの子。

ートル以内に他個体がいるときはビデオカメラで撮影し、「他個体を見る（見られる）」行動を分析する計画だった。三脚に取り付けたビデオカメラをつねに持ち歩き、チャンスがあれば撮影を行ったが、対象個体や周囲にいるオランウータンのコドモたちにビデオカメラを倒されたり、奪われたりすることは日常茶飯事だった。またビデオカメラだけでなく、私が被っていた帽子やフィールドノート、ペン、虫よけスプレー等々、オランウータンたちに取られたり、破壊されたものは数知れない（図2-6）。コドモのオランウータンたちは、一日二回（午前一〇時と午後三時）の給餌の時間が終わっても森には入らず、夜の寝小屋として使われている檻周辺の、コンクリートの上でゴロゴロしていることが多かった。日陰がほとんどない場所でオランウータンたちを何時間も観察し続けることは、

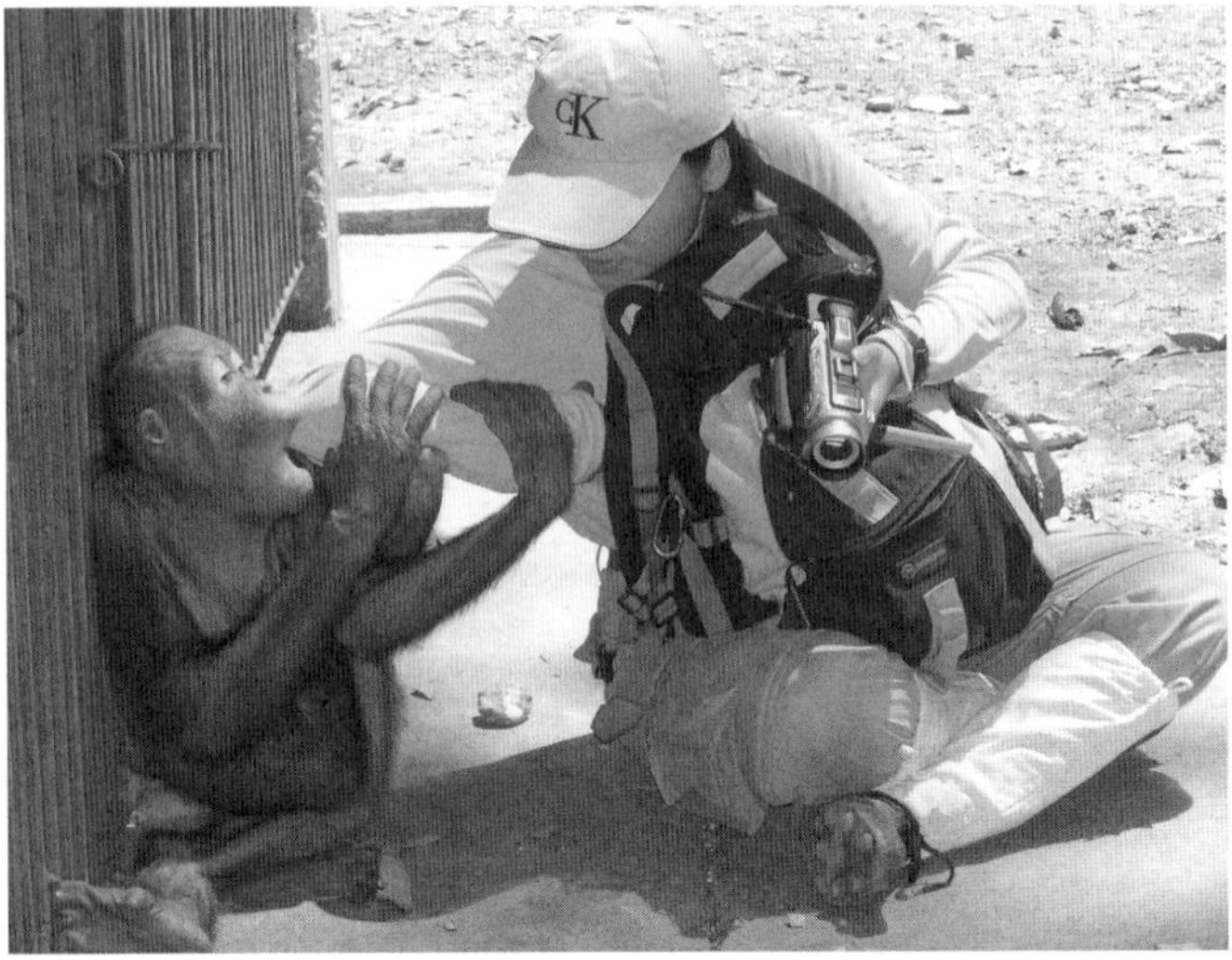

図 2-7　セピロクで調査をしていたとき、もっとも長い時間を過ごした場所。

体力的にもかなりきつかった（図2-7）。今思い返しても、セピロクでの調査はダナム・バレイでの調査よりも肉体的にも精神的にもはるかに過酷で、若かったからできた、としかいいようがない。

　私には、霊長類を観察しながら、行動観察の方法や記録の取り方をくわしく教えてくれる先輩はいなかったので、霊長類学者が書いた本を参考に、見よう見まねでフィールドノートに記入していた。しかし、最初のころの記録は、ほとんど分析には使えない代物だった。データシートに記録する方式に切り替え、なんとか定量的な分析ができるようになったが（久世 2016）、肝心の視覚コミュニケーションについては、「のぞきこみ」行動が見られる、という以外に明瞭な成果が得られず、苦戦する日々が続いた。「のぞきこみ」とは、

図 2-8　のぞきこみ行動。

接触するぐらい他個体に近づいて（個体間距離三〇センチメートル以内）、相手の顔（口元）をのぞきこむ行動で（図2-8）、チンパンジーやゴリラなど大型類人猿ではよく見られるが、ニホンザルなど類人猿以外のサルではほとんど見られることがない行動だ（山崎 2007）。類人猿以外のサルでは、相手を「見る（凝視する）」ことは「威嚇」を意味するため、とくに劣位の個体が優位な個体を「凝視する」ことはほとんどない。だが、類人猿では、劣位の個体が優位な個体を「凝視する」ことで、食物を分けてもらったり、優位個体どうしのケンカの仲裁をするなど、多様な文脈で使われている（山崎 2007）。

　オランウータンでは、単独性ということもあり、こうした凝視やのぞきこみといった行動に関する報告は、当時ほとんどなかった。私がセピロクで観察していると、年下の個体が年上の個体を凝視することや、のぞきこむことがよく起き、のぞきこまれた個体は目をあわせないよう無視するが、年下の個体を追い払うこともほとんど起きない（＝寛容）、というゴリラやチンパンジーと同じような傾向が見られた。またのぞきこみの後は、そのまま一緒に同じものを食べる、といった行動が多かったが、年上の個体が持っている食物を取る（取っても怒られない）、レスリングなどの遊びが始まるなど、年下（劣位）個体から年上（優位）個体への穏やかな要求、といった機能も、ゴリラやチンパンジーと共通していた。最近では野生オランウータンののぞきこみ行動が、食物やベッドづくりの学習において重要な役割を果たしていることも報告されている（Schuppli *et al.* 2016）。

もともと幸島先生からは、博士論文の研究テーマは一つに絞らず、三〜四つは用意したほうがよい、せっかくセピロクで多くの個体を観察できるのだから、視覚コミュニケーションにこだわらずに、いろいろな社会交渉や行動にも注意を払うように、といわれていた。そこで気になったのは、オランウータンのコドモやワカモノがよく「遊ぶ」ことだった。

とくによく見られたのは、地上での長時間におよぶ「レスリング（取っ組み合い）」だった（図2-9）。コドモどうしやワカモノとコドモの組み合わせでよく見られ、ときどき中断をはさみながらも三〇分以上続くこともあった。興味深いのは明瞭な性差がある点で、雄どうしの組み合わせが圧倒的に多く、次いで雌雄、雌どうしでのレスリングはほとんど見られなかった。雌雄の組み合わせの場合も、レスリングを始める（相手につかみかかる）のは雄で、雌から働きかけることがほとんどなかった。半野生個体の雌は採食以外の時間は、休息（ボンヤリ）していることが多く、ほとんどの時間、

図 2-9　コドモどうしのレスリング。

遊んでいる（レスリングをしている）雄とは対照的だった。また樹上でレスリングすることもあったが、地上のほうが頻度も高く、継続時間も長かった。飼育下のゴリラでも、とくに雄どうしでレスリングをよく行う、という報告があり、これは将来の雄どうしのケンカに備えて運動能力を鍛えるための、一種の訓練だろう、といわれている（Maestripieri and Ross 2004）。とくに性的二形が大きく、オトナ雄どうしが激しく争う種では、コドモのときに雄どうしが遊び頻度が高い、といわれているので（Smith 1982）、性的二形が大きいオランウータンは、この図式にぴったりあてはまった。

さらに私がコドモたちの遊びを見ていて気になったのは、彼らの遊びのバリエーションの少なさで、ほぼレスリングのみを延々と続けている点だった。チンパンジーやニホンザルで見ら

図 2-10 野生個体のレスリング。

れるような「追いかけっこ」はほとんど見なかった。こんなところにも、本来樹上性のオランウータンとしての特性が現れているのかもしれない。その後、野生個体の遊びを見ていても、雄どうしが樹上で枝にぶら下がった状態で取っ組み合うレスリングがほとんどで（図2-10）、地上に下りて遊んだり、樹上で「追いかけっこ」をするのを見たことはほとんどない。動物園でもセピロクでも、ものを操作するひとり遊び（石を打ち付ける、バケツや袋などを頭から被る、等々）は非常に多くのバリエーションがあり（黒鳥 2008）、彼らの知性の一端を垣間見ることができる。それに比べると、彼らの社会的遊びの貧弱さというか、バリエーションの少なさは不思議なほどだ。逆にいえば、彼らにとって「レスリング」は我を忘れて続けるほど、圧倒的に「楽しい」遊びなのかもしれない。

図 2-11　給餌台にきた母子。

3　むずかしい子育て

視覚コミュニケーションも遊びも、今一つパッとしない結果で、これだけでは博士論文を書くのはむずかしいかもしれない、と思っていたときに、意外な発見があった。セピロクでは、森に放された後、すぐに消えてしまう（給餌台にも現れず、人間の前から姿を消してしまう）個体もいれば、何年も給餌台に通い続け、ついには出産してアカンボウを連れて給餌台にやってくる個体もいた（図2-11）。人間に育てられた個体が、森に帰ってコドモを産むことは、絶滅の危機に瀕しているオランウータンの個体数を回復させる、という希望の光であり、オランウータンのリハビリテーション（野生復帰）事業がうまくいった証として、セピロクの見学者向けの展示でも大きな写真を使って紹介されていた。

一方、私が観察していると、産まれたアカンボウが順調に生育することは少なく、一歳にもならないうちに消失していることが多いことが気になった。セピロクでは、一九六四年にリハビリテーション事業を始めて以来、センターで受け入れた個体の記録とともに、給餌台で観察されたアカンボウの記録も残っていた。この記録を調べたところ、一九六四〜二〇〇四年の四〇年間で、少なくとも二八頭の出産（アカンボウ）の記録があったものの、そのうち一五頭は死亡もしくは死亡の可能性が非常に高い、という状況だった。単純計算で死亡率は五三パーセント、野生のスマトラオランウータンの乳児死亡率（七パーセント、一七パーセント）や飼育下での死亡率（二〇パーセント）と比べて、はるかに高い割合だった（Kuze *et al.* 2008）。死因は特定できない事例がほとんどだったが、マラリア（一例）、日和見感染（二例）と「誘拐」されたために、（母乳を飲めずに）死亡したと疑われる例が三例あった。誘拐三例のうち二例は母親が娘から孫を奪って死なせてしまう、という異常な例で、しかもそれぞれ異なる母子ペアだった。

セピロクでは、給餌のために野生より生息密度が高くなっていた（給餌台にやってくる個体数は平均七頭／回、ダナム・バレイでの野生個体の生息密度は一頭／平方キロメートル）。このような高い生息密度と、多くの他個体と給餌台やその周辺でしばしば接触しなければならないという状況が、母親に多大なストレスを与えて、異常行動の引き金になったのかもしれない。また給餌台周辺のオランウータンの生息密度の高さや、毎日一〇〇人以上の見学者が給餌台周辺にやってくることが（図

図 2-12　給餌台を見学にくる多数の観光客。

2-12）、高い頻度でさまざまな病原菌に曝されることにつながり、抵抗力のないアカンボウの高い死亡率を引き起こしている可能性も考えられた。死亡率の高さだけでなく、出生性比が雌に偏っている（二八頭中二五頭が雌）、出産間隔が六年で野生（六～九年）より短く、初産年齢が一一・六歳で野生（一五～一六歳）より若い、という結果も得られた。短い出産間隔や若い初産年齢は、給餌によって母親の栄養状態が野生よりもよかったことが原因として考えられた。

　この結果をまとめた論文を発表した直後、インドネシアのリハビリテーションセンターで、おもにリハビリ個体の比較認知科学の研究を長年行っているアン・E・ラッソン（Anne E. Russon）博士から「私も同じような繁殖状況を観察している」と声をかけられた。そしてラッソン博士や同世代の研究者らと一緒に、複数のリハビリテーションセンターでの繁殖の記録を持ち寄って分析したところ、セピロクと同様の高い死亡率が観察された（Kuze *et al.* 2012）。この発見を機に、私の主要な研究テーマは視覚コミュニケーションから雌の繁殖へと大きく舵を切ることになった。

第3章
森の哲人のすみか
野生のオランウータン

樹高30〜50メートルのフタバガキ科の巨木が残る原生林（ダナム・バレイ森林保護区）

1　二人でのフィールド探し

一度はあきらめた野生オランウータンを調査する、という夢にもう一度挑戦するチャンスが訪れたのは、二〇〇三年のことだった。春、指導教官の幸島司郎先生のもとに、「野生のサルの研究がしたい」という女子学生が訪ねてきた。彼女の名前は金森朝子さん、宮城教育大学の伊沢紘生先生のもとで、宮城県の金華山でニホンザルの雄の社会性を研究して、修士号を取得した後、大学で働きながら博士課程への進学の道を探していた。基本的に「サルを研究したい」という学生は、「ウチ以外でもできるところがあるから」と門前払いすることが多い幸島先生が、金森さんに興味を示したのは、先生独特のカンが働いたのだろう（幸島先生が若いころアマゾンでお世話になった、伊沢紘生先生の弟子、というのも大きかったかもしれない）。金森さんが幸島研を初めて訪れた日、私は幸島先生に呼ばれ、同席して話を聞くことになった。「ニホンザルは多くの人がやっているから、別にウチでやる必要はない。ところで、オランウータンはおもしろそうじゃないか」と幸島先生から切り出し、金森さんは二つ返事で「ぜひやってみたいです！」と答えた。私はそれまで（幸島先生のサポートを受けつつ）ずっとひとりで調査研究してきたため、「後輩ができるかもしれない」という状況に驚くと同時にうれしくなった。「ひとりではできなかった、野生オランウータンの新しい調査地を開拓するという夢を、二人ならかなえられるかもしれない」とワクワクしたのを覚えている。

金森さんはその年、東京工業大学の博士課程編入試験に合格し、はれて幸島研の一員となった。そして二〇〇四年二月、私たちは野生オランウータンの調査地候補を探すため、ボルネオ島へと旅立った。第2章で書いたように、私は博士課程で野生オランウータンを調査することを希望していたが、サバ州内各地をまわった末に、今の自分では無理だと思い、いったんはあきらめた。しかし、できるものなら野生のオランウータンを調査したいという夢は持ち続けていたので、セピロクで調査をしながら、新しい調査地の候補になりそうな場所の情報は集めていた。JICA（現独立行政法人日本開発機構）がサバ州内で展開していた大型プロジェクト「ボルネオ生物多様性保全・生態系保全プログラム（Bornean Biodiversity & Ecosystems Conservation Programme; BBEC）」の関係者や、青年海外協力隊員、サバ州野生生物局やサバ州森林局、サバ州公園局などの関係機関の人に会うたびに、「野生オランウータンが見られる場所を知っているか？」と聞き、うわさ話程度でも新しい地名を耳にしたときは、さらにくわしい情報を探す、ということを繰り返していた。なぜサバ州に限定したかというと、当時、同じボルネオ島内マレーシア領のサラワク州では、オランウータンの分布に関する情報が少なく、論文もほとんどなかったので、調査地を探すのはむずかしかった。また、インドネシアは政情不安や違法な森林伐採が横行していて、以前から調査していた研究チームでさえ、撤退したという話も耳にしていたため、同様に候補からは外していた。サバ州内で私が調査候補として考えていたのは、①キナバタンガン川中流域の「ダナウ・ギラン」、②セガマ川下流の「ダガット村」、③セガマ川上流の「ダナム・バレイ森林保護区」だった（巻頭の地図を参照）。

これらの三カ所をまわった調査旅行に関しては、金森さんがくわしく報告しているので（金森 2013）、ここでは詳細ははぶく。三カ所まわった末に、私たちは③のダナム・バレイがもっとも有望である、ということで意見が一致した。私は、二〇〇一年と二〇〇二年にもダナム・バレイ森林保護区内の「ダナム・バレイ・フィールド・センター（以下DVFC）」を訪れたが（第2章参照）、ここはオランウータンは生息しているものの、観察は簡単ではない、という印象を得ていた。今回、再びダナム・バレイを訪れたのは、同保護区内の観光客向け宿泊施設「ボルネオ・レインフォレスト・ロッジ（以下BRL）」を視察するのが目的だった。以前DVFCを訪れたときも、「BRLのほうが簡単にオランウータンを見られる」という話を聞いていたことと、BRLを訪れたことがある日本人の知人数人から、オランウータンを見ることができた、という話も聞いていた。さらに、一九九〇年代初頭にダナム・バレイでオランウータンの調査を行ったニロファー・ガッファー（Nilofer Ghaffer）女史の報告書（未発表）にも、ロッジ建設前にこのあたりでオランウータンの調査をしていた記録があり、私はBRLにはかなり期待していた。

事前に見ていたパンフレットや宿泊料金（当時、一泊三食で一人五〇〇RM［約一万五〇〇〇円］）から、高級ホテルだろうとは思っていたが、実際に訪れてみると、予想以上に設備の整ったホテルで驚いた。熱帯雨林のどまんなかで、温水シャワーを浴び、バーカウンターで冷たい飲みものを飲み、二四時間電気が使えるのだ（図3-1）。だが、実際に宿泊していると、太陽光を使った温水システムはうまく作動せず、お湯が少ししか出なかったり、スタッフもよくいえば親しみやすいが、高級リゾートホテルに比べると、ホテルスタッフとしての訓練は行き届いていなかった。二〇一七年現在、建物は改修され、宿泊費も一泊一〇〇〇RM以上（三万円以上）に値上がりし、スタッフのレベルも上がっている。

BRLでは、通常はゲストが五〜一〇人のグループにまとめられ、一人のネイチャー・ガイドが森のなかを案内する。私たちは「オランウータンを探して、できるだけ長く観察する」という明確な目的があったので、別料金を払って専属ガイドを雇った。英語が堪能で、祖父はもともとこのあたりに住んでいたという専属ガイドのドニーから、BRL周辺で見られるオランウータンにどんな個体がいるか（名前がついている個体はほとんどいなかったが、ガイドによっては複数の個体を識別していた）、どのくらいの頻度で会えるのか、などを聞きながら歩いていると、ほどなくオランウータンを発見し、その後三日間、追跡することがで

図 3-1　ボルネオ・レインフォレスト・ロッジの客室（2004 年撮影）。

きた。このとき追跡した若い雄は後に「オニ」と名づけたが、BRL周辺で生まれ育った個体ということもあり、非常にヒト慣れしていて観察が容易だった。私たちが調査地としてのBRLに大きな魅力を感じたのはいうまでもない。が、問題は調査基地（宿泊施設）だった。一泊一万五〇〇〇円もする部屋に泊まり続けて調査をすることなどできない。しかし、すでにBRLがあるために、周辺でキャンプすることも禁止されていると聞いた。また研究者はDVFC、観光客はBRLというすみわけがされているので、BRLでの調査が許可されるかどうかわからない。そもそもだれに頼めば許可をもらえるのかさえわからない。このような状況だったが、私は当初の予定どおり自分自身の調査研究を続けるために、セピロクへ戻った。金森さんはコタキナバルに戻り、BRLで調査ができるよう、交渉してみることになった。その後、金森さんの獅子奮迅の働きと多くの人たちの理解と支援のおかげで、私たちはBRLで働く従業員宿舎に間借りする、というかたちで、調査を始めることができた（金森 2013）。

2　野生オランウータンの調査に必要なもの

「野生オランウータンの調査に必要なものはなんですか？」と聞かれたら、読者のみなさんはどんな答えが浮かぶだろうか。体力？　忍耐力？　観察力？　野生のオランウータンの調査では、じつは体力はそれほど重要ではない。オランウータンは一日の移動距離が短く（平均五〇〇メートル）、同じ木から何日も動かないことすらある。森のなかで重い荷物をかついで長距離を歩く必要は、あまりない（調査地や調査方法によっては必要になるが）。忍耐力は確かに必須、観察力ももちろん重要だが、それと並んで大事なことがある。私の答えは「一は忍耐力、二は優秀な調査助手、三は長期間使える研究費」だ。霊長類研究者を含め、多くの人が意外に思うのが二の「優秀な調査助手」だろう。だが、野生オランウータンの調査をした経験がある人なら、おそらく二をあげない人はいない。私と金森さんも、当初、調査助手の必要性をきちんと認識していなかった（金森 2013）。

アフリカの類人猿の調査では、森のなかを一緒に歩いて調査を手伝う現地の人を研究者は「トラッカー」と呼ぶが、オランウータンの研究者で調査助手を「トラッカー」と呼ぶ人はまずいない。みな、「リサーチ・アシスタント（Research Assistant）、以下ＲＡ」と呼ぶ。アフリカではトラッカーにデータや観察記録をとってもらうことはまれで、基本的に研究者がデータをとり、トラッカーは研究者が観察しやすいように、森のなかで先導したり、類人猿を探すのを手伝ったりする（井村 2015）。しかし、オランウータンの調査では、ＲＡたちはトラッカーと同様に研究者をサポートするだけでなく、データ収集や観察の記録も担う。このため、オランウータン研究者の間では、英語だけでなく現地語（インドネシア語）に訳したデータシートや、調査マニュアル（オランウータンの行動目録などの調査用語一覧を含む）が共有されている（もちろん調査地によって多少アレンジされているが、基本的に同じマニュアルを使っている）。これらのマニュアルはインターネット上で公開されており

(http://www.aim.uzh.ch/de/research/orangutannetwork/sfm.html)、学術論文でも必ず引用される。

　金森さんがBRLで調査を始めた当初、ロッジで働く「英語が話せて外国人慣れしているネイチャー・ガイド」という、「すでに完成している優秀なRA」を借りて調査を始めたが、さまざまなトラブルが起きた（くわしくは金森 2013）。私は当時、まだセピロクがメインの調査地だったため、金森さんが送ってくるメールの報告を読みながら、思いつく限りのアドバイスをし、励ますことしかできなかった。調査を始めたころ、金森さんはマレー語をほとんど話せなかったので、マレー語しか話せない若者をRAとして雇うのはハードルが高かった。それでも、最初の調査での手痛い経験から学んだ金森さんは、二〇〇五年からはイギリス王立協会の東南アジア熱帯雨林調査プロジェクト（略称SEARRP）から若手スタッフを借り始めたが、順調とはいえなかった。そんな状況のなか、私は博士論文を書き上げ、二〇〇五年八月からダナム・バレイでの調査を本格的に始めた。

　私がダナム・バレイに到着したとき、金森さんが雇っていたRAはダカット村出身のパティールと王立協会から借りていたピオだった（図3-2）。パティールは私より少し年上の既婚男性、ピオは私と同じ年の独身男性。パティールはダカット村周辺で狩猟の経験もあるらしく、オランウータンをはじめ、野生動物を探し出す能力が非常に高かった。一方、ピオはインドネシアのティモール諸島出身で、王立協会での仕事は、調査研究ではなく植林であり、野生動物を探した経験はほとんどなかった。パティールは年上であることや、その能力的優位と、もともとの彼の性格もあいまって、ピオに対して高圧的な態度をとっていた。私や金森さんの指示にも素直にしたがわないことが多かった。彼をこ

図 3-2　調査助手のピオ（左）とディディ（右）。

のまま雇い続けてもトラブルになるにちがいないと思う反面、それまでなかなか見つけられなかったオランウータンを発見し、追跡できるようになったのは、彼に負うところが大きく、私たちは迷っていた。一方、ピオは素直でまじめだが、要領がよいとはいえず、同じことを何度も懇切丁寧に教えないと、なかなか身につかなかった。そして八月下旬、多岐にわたる詳細なアドバイスを残し、金森さんは帰国した。

けっきょく、金森さんが帰国して一カ月後、パティールは私に無断でＢＲＬのガイドとして働きたい、とロッジのスタッフやマネージャーに頼んでいたことが発覚し、クビにすることになった。同じようなことを今後もほかのＲＡにされたら、私たちの調査を続けることはできないので、ここは毅然とした態度で臨む必要があった。自分より年上でふてぶてしい態度の男性に、彼の非を指摘しながらクビをいい渡すことは、それまでの人生で一、二を争うぐらい緊張したが、彼は大騒ぎすることもなく、荷物をまとめて出て行った。

パティールをクビにした後、私はピオと二人だけで調査を続けることになった。RAとしての能力は低いと思っていたピオだったが、パティールと一緒に仕事をするなかで、オランウータンの探し方や森の歩き方を学び、私たちはオランウータンを終日、追跡することができた。そんななか、私にとって忘れられない事件が起こる。その日、私たちは五日連続で追跡していたアンフランジ雄（トニー）が、それまで半径一〇〇メートルほどの範囲をウロウロしていたのに、突然直線距離で二キロメートル以上移動したので、夢中で追跡していた。移動途中には、ほかの雄と雌が交尾している場面や、その雄がトニーに襲いかかり、トニーがあわてて逃げ出す、といった場面に出くわし、私は興奮し、帰りのことを考える冷静さに欠けていた。あたりがまっくらになった一九時ごろにトニーはようやくネスト（ベッド）をつくり、私たちも帰ろう、となったが、道に迷ってしまった。GPSをたよりに一番近そうなトレイル（直線距離で約六〇〇メートル）に向かって歩くも、藪に行く手を阻まれる。これは朝になるまで野宿するしかないか……私たちが戻らなかったら、BRLでは大騒ぎになるんじゃないか、と心配になった。あたりはまっくらで昼間とはまったくちがう動物たち（セミやカエルなど）の声が響き渡り、生きものの気配は濃密で、正直いってかなりこわかった。でも、パニックになったらもっと危ない。「冷静に、冷静に」と自分自身にいい聞かせた。ピオも心細そうではあったが、本格的にパニックにならなかったのは幸いだった。遠まわりだけど、もときたルートを戻ろうということになり、GPSをたよりにオランウータンを追跡しながら歩いたルートを引き返し、夜九時過ぎにようやくトレイルに出ることができた。このときは二人で飛び上がるほど喜んだ。このときのうれしさ、安堵感は今でも忘れられない。村では私たちの帰りが遅いことを気にとめていた人がほとんどいなくて、大きな騒ぎにもなっていなかった。この事件以来、私たちはオランウータン追跡中に深追いすることを避けるようになり、帰る時間や道のりをつねに考えて行動するようになった。

オランウータン調査に絶対必要な、優秀なRAはどうすれば手に入るのか？　調査開始当初、私たちは悩んでいた。一三年間調査を続けてきて、今私たちは自信を持って断言できる。森とオランウータンが好きな、素直でまじめな若者を、時間をかけてていねいに育てる、優秀なRAを手に入れる方法はこれに尽きる。一三年間で、私たちが雇ったRA候補は二〇人以上。数日でBRLの環境に嫌気がさして帰ってしまう人、森のなかでじっと待つのが苦痛で歌って踊ってしまう人、休暇で実家に帰ったら、そのまま戻ってこなかった人等々。そのなかで二年以上働き、高い能力を発揮し、円満に退職した人は二人しかいない（うち一人は、今はBRLのガイドになっている）。そして調査開始当初から今に至るまでずっと働き続けているのはピオだけだ。彼が働き続けてくれたからこそ、私たちは調査を続けることができた。

3　森の厳しい食料事情

オランウータンは果実を好んで食べる「果実食者」だが、彼らはいつでもおいしいトロピカル・フルーツをお腹いっぱい食べられるわけではない。むしろ、野生のドリアンやマンゴーなどの甘くて栄養価の高い果実は、数年に一度の一斉結実（後述）のときぐらいしか食べられない。私がBRLで調査を始めた二〇〇五年八月には、ちょうど一斉結実が起きていて、森のなかを歩くと大量のフタバガキ科の果実（図3-3）が地面を覆い尽くしていた。一般に、フタバガキ科の果実は堅果に分類され、オランウータンが好むタイプの果実（液果）ではない。ごく一部の種（*Dryobalanops lanceolata* など）は、脂肪分が豊富なのでオランウータンも食べることがある。二〇〇五年の一斉結実のときも、オランウータンがフタバガキ科の「フタバ」の部分をちぎり捨てて、下の実の部分だけを食べている様子を観察した。オランウータンが木の上で動きまわるだけで、たわわに実ったフタバガキの実がクルクルとまわりながら落ちてくる様子（フタバがあるため、果実は回転しながら落ちてくる）は、雨が降るようだった。

数百種の樹木が同調して一斉に結実する現象（一斉開花・結実）は、東南アジアの熱帯雨林でのみ観察され、アフリカや南米の熱帯雨林では見られない。フタバガキ科の数十〜百数樹種の木々が一斉に開花するだけでなく、フタバガキ科以外の数百種の木々が同調して開花・結実する（湯本 1999）。

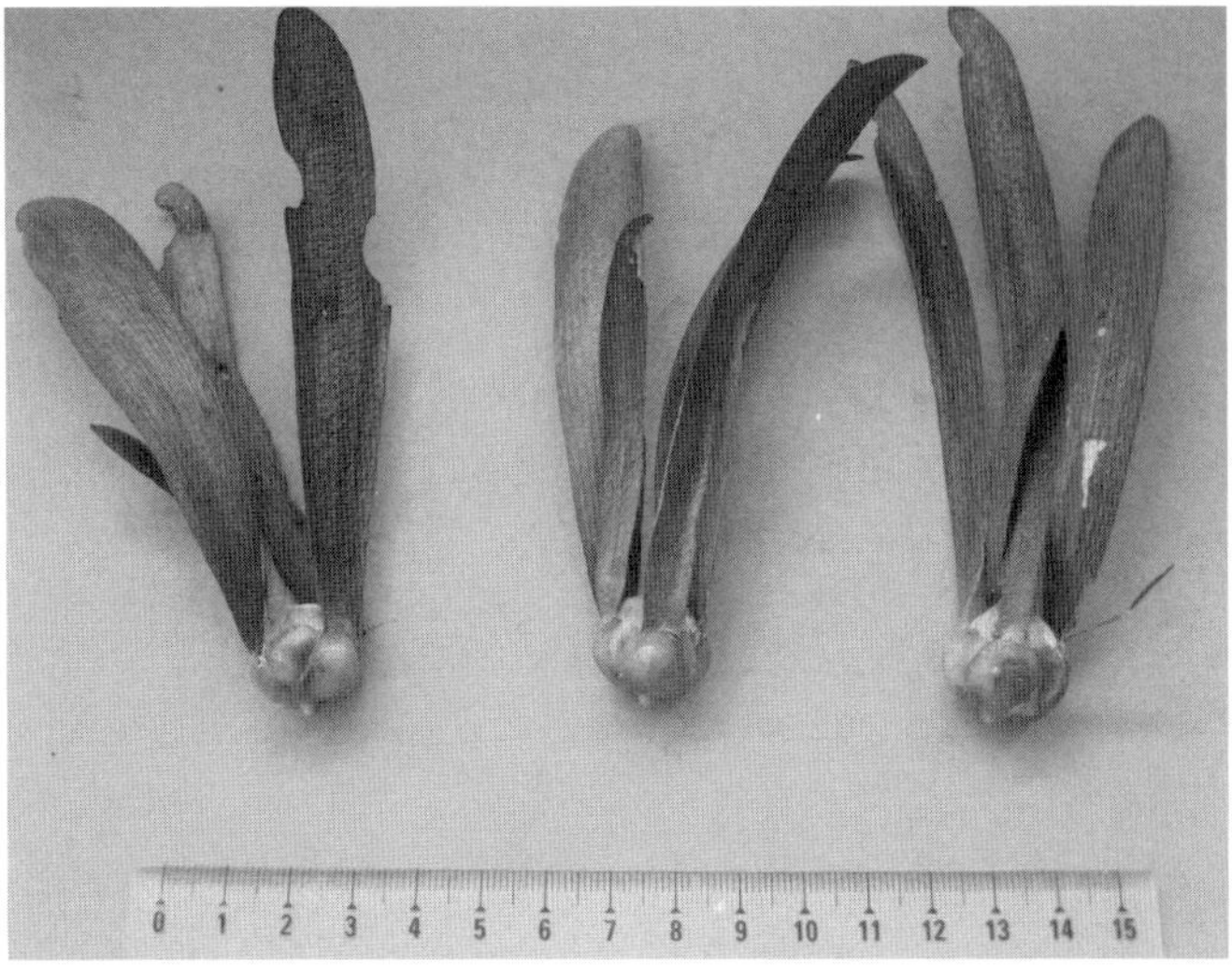

図 3-3　フタバガキ科の果実。

一斉開花が起こると大量のオオミツバチ（図3-4）をはじめとする昆虫が集まり、花々を訪れて受粉する。同調が起きるメカニズムは、エルニーニョ現象による低温と乾燥が、開花の引き金になる、という説が有力だが、エルニーニョの影響が強く出る地域とそうでない地域があり、年によって開花が起こる範囲や規模が変わり、特定の地域の開花・結実を事前に予測するのはまだまだむずかしい（安田ほか 2008）。

「なぜ一斉結実が起こるのか（どうしてこのような現象が進化してきたのか）」についてもいくつかの仮説が提唱され、検証されている。一度に大量に開花・結実することで、動物によって種子が食べられるリスクを減らす効果があるという説や、大量に開花することで大量の花粉の運び手となる動物を呼び寄せることができ、効率よく受粉できる、という説。もともと温帯

図 3-4　メンガリス（マメ科）の大木にオオミツバチの巣がいくつもぶら下がる。

に生育していたフタバガキが低温と乾燥を開花のトリガーにしていたのが、一年中高温多湿の熱帯に進出する過程で、毎年ではなく、数年に一度しかトリガーを利用できなくなった、という説もある（湯本 1999，コーレット 2013）。

多くの木は一斉開花・結実によって、それまでに蓄えていた栄養を使い切ってしまうため、その後数年間は果実生産量が低調になる。このため、オランウータンは、（一斉結実がない）アフリカの大型類人猿に比べて、果実生産量の変動の規模が非常に大きく、果実欠乏期間が長い、という環境に適応しなければならなかった。とくにダナム・バレイが位置するボルネオ島北部は、同島南部や隣のスマトラ島よりも、エルニーニョの影響が強く出るので、一斉結実期に果実生産量が跳ね上がる一方、その後の果実生産量の低下が著しいといわれている（金森 2013）。

ＢＲＬでは二〇〇五〜二〇一六年の一一年間で五回の果実ピークを観察し、そのうち二〇〇五年と二〇一〇年が一斉結実だった。二〇〇五年はフタバガキ科が中心で、二〇一〇年は野生のドリアン（*Durio kutejensis*）、野生のランプータン（*Nephelium ramboutan-ake*）等々、オランウータンが好むジューシーな果肉を持つ非フタバガキ科樹種が多数結実した。私は二〇〇五年の一斉結実期後半に初めてダナム・バレイで調査をしたが、貴重な社会交渉の事例をいくつも観察することができた。たとえば、私が今まででもっとも多くの個体が一緒に行動しているのを見たのは二〇〇五年一〇月だ。母子二組（ベスとカイ、ヤンティとトイ）、コドモ雌一頭（ヤンティの娘、ジュン）、若雌一頭（シーナ）、若雄一頭（カムチョン）、アンフランジ雄二頭（デニー、サム）の計九頭が連れだって行動していた。彼らは一緒にパンノキ（*Moraceae artocarpus*）で果実を食べ、一頭が移動を始めると、わらわらとそれぞれの個体がその後を追うように移動し、また次の果樹で採食を始める、という有様だった。連れだって行動する様子は、一見するとまるで群れで生活するチンパンジーのようだった。だが、チンパンジーと大きく異なり、身体接触をともなう社会交渉はほとんど起きない。採食の合間に、一〜二時間の休息時間があるが、オトナどうしの間では、毛づくろいやケンカ、交尾などは起きない。樹高四〇メートルほどの大木のあちらの枝、こちらの枝に思い思いに座り、休んでいるだけだ（図3-5）。ただしコドモ（カイ、ジュン）とワカモノ（シーナ）は、オトナたちが休息を始めると、樹上でレスリングのような取っ組み合いをして遊んでいた（コドモの遊びに関しては第5章参照）。

図 3-5　同じ木の上でバラバラに過ごす４頭（上からオニ、ジュン、ヤンティとトイ）。

普段は一日歩いても一頭もオランウータンを見つけられないこともあるが、二〇一〇年の一斉結実期には、一〜二時間森を歩いただけで、何頭ものオランウータンを見ることができた。二〇一〇年の一斉結実期は、私は調査に入れなかったが、共同研究者の山崎彩夏さん（当時、東京農工大学）はこのときに最大一一頭の個体が集まって、一緒に連れだって行動する様子を観察している。しかし、一斉結実期以外の時期は、オトナが三頭以上で、終日行動をともにすることは、めったにない。こうした果実生産量に大きく左右されるオランウータンの集合性を見ていると、「彼らは、ほんとうは果実が十分にあれば、群れで生活したいのかもしれない」と思う反面、一斉結実期以外は単独で生活せざるをえない、彼らの食物環境の厳しさが実感できる。もしオランウータンが、果実が少ない時期にも、四〜一〇頭の群れをつくって行動しようとすれば、一本の果樹にたどりついてもあっという間に食べ尽くしてしまい、広大な距離を移動しても、満足な量の食物を得ることはできないだろう。オランウータンと同じく、果実食の傾向が強いチンパンジーは、果実が少ない時期は、小さな群れや母子のみで行動し、果実季には群れのメンバーが集合して一〇～五〇頭の大きなグループをつくる（西田 1994）。一方、群れでいることを優先するゴリラは、果実が少なくなると、草本や木の葉などの非果実の食物へシフトする（山極 2015）。一見すると、オランウータンとチンパンジーは、「果実が多いときは群れて、少なくなると単独になる」という点は似ているが、決定的なちがいは「果実欠乏期の長さ（単独で過ごす期間の長さ）」だ。チンパンジーの生息地では、年によって多少の豊凶があっても、毎年決まった時期に決まった果実が実る。チンパンジーが一年以上、群れのメンバーとほとんど交流せず、単独生活を続けるのはまれだろう。だが、オランウータンの生息地では、非果実季は一年以上続く。ゴリラよりも果実食に固執するチンパンジーとオランウータンの社会性には、このほかにも共通点が見られるが、くわしくは第4章で紹介する。

ところで、私は、オランウータンが食べているものはなるべく味見するようにしている。これはチンパンジー研究の大御所、西田利貞先生にならって始めたことだが（西田 1994）、ほとんどの期間は、マシなのは無味、たいてのものが苦い・渋い・酸っぱいで、「オランウータンは『味盲』なのか」と疑いたくなるぐらい、ひどい味のオンパレードだ。一方、一斉結実のときに彼らが食べる果実は、甘くておいしいものが多い。とくにドリアン・プティ（図3-6）は、町で売っている栽培種よりも、くさくなくて上品な味で、しかも高カロリー。オランウータンが夢中になって食べるのもうなずける。一斉結実期は、オランウータンにとっては、数年に一度の「大祭」、ごちそうが並び、仲間が集まり、

図 3-6　ドリアン・プティ。

普段できないようなことができる（複数のコドモやワカモノが集まり、相手を変えながら長時間遊ぶなど）、「非日常」なのだろう。

オランウータンは一斉結実期に、非結実期の二〜三倍のカロリーを摂取して体脂肪として蓄えている。ボルネオ島南部のグヌン・パルン国立公園で行われた調査では、一斉結実期のオトナ雄の摂取カロリーは平均八四二二キロカロリー／日、オトナ雌の平均七四〇四キロカロリー／日だったが、非結実期には雄三八四二キロカロリー、雌一七九三キロカロリーまで減少した、という報告もある（Knott 1998）。オランウータンの雄の体重は七〇〜八〇キログラム、雌は三五〜四〇キログラムなので、体重はヒトの男性や少女と同じぐらいである。だが、一日八〇〇〇キロカロリー以上食べるのは、激しい肉体労働をする成人男性以外にはヒトにはむずかしいだろう。オランウータンの雌より少し体重が重い野生チンパンジーの雄で一八〇六〜三三三三キロカロリー／日（Cannon *et al.* 2007）、オランウータンの雄と同じぐらいの体重のゴリラの雌では七四〇〇〜九〇〇〇キロカロリー／日という報告がある（Rothman *et al.* 2008）。後述するように、東南アジアに比べて、アフリカの熱帯雨林では果実生産量が比較的高くかつ安定しているため、チンパンジーやゴリラの摂取カロリーには「余裕」がある。

　飼育下では類人猿の「肥満」は、ヒトと同様、健康管理上で大きな問題だった（最近は野生の生態に関する知見をもとに、動物園で与える餌の内容が大きく見直され、ずいぶん改善している）。とくにオランウータンは太りやすく、減量も簡単ではない。一九八〇年代に発表された、飼育下大型類人猿の成長曲線を比較した論文では、チンパンジーとゴリラは性成熟に達すると体重はほとんど増えなくなるのに、オランウータンだけが二〇歳を超えても成長期かと見まがうような右肩上がりの体重増加を示している図が掲載されている（Leigh and Shea 1995）。日本モンキーセンターで一九六五〜一九七七年に飼育されていた雄のオランウータン「アダム」は体重が三〇〇キログラムを超え、歩くこともままならず、ゴロンゴロンと前まわりしながら放飼場内を移動していた、という話を聞いたことがある。写真でしか見たことがないが、まるで相撲力士の小錦のような巨体だった。もしチンパンジーに大量の餌を与えたとしても、ここまでの巨体になることはないだろう。

　このように結実期に食いだめして蓄えた貯金（体脂肪）があるとはいえ、何年も続く長い非結実期の間、オランウータンはなにを食べているのだろうか。もっとも重要な食物はイチジクだ。イチジク

図 **3-7**　イチジクとイチジクコバチ（矢印）。

属はダナム・バレイでオランウータンが採食している種だけでも四〇種以上にのぼる。それぞれのイチジクは「イチジクコバチ」というハチの仲間と、一対一の共生関係を築いている（図3-7）。イチジクの実（ほんとうは花）には決まった種類のコバチだけが通れるサイズの穴があいていて、コバチの雌はその穴を通ってなかに入り、卵を産みつける。卵からかえったコバチはイチジクの実のなかで交尾し、雌だけが穴を通って外に出て（このときにイチジクの花粉を体につけて出ていく）、同じ種類の別の木の実（花）に入り込む（このときにコバチが花粉を運び込んで受粉が成立する）（ローレンテ2013）。イチジクは、短命（成虫になってからの寿命は数時間）のイチジクコバチが、一年中とぎれることなく繁殖できるよう、森のなかで必ずどれかの木が実をつけている。オランウータンをはじめとする果実食の動物たちにとっては、イチジクは、一斉結実に関係なく一年中実をつけてくれる、貴重な食べものだ。

熱帯雨林に生育するイチジクには「絞め殺しイチジク」と呼ばれるタイプが少なくない。絞め殺しイチジクは、サルや鳥などの糞に含まれたイチジクの種が樹上で開花し、たくさんの細い幹を地上まで延ばした末に、宿主の大木（フタバガキ科が多い）を「絞め殺し（幹を絞めつけることで、根から吸い上げた栄養や水分が上部に行くのを妨げる）」、光のあたる場所を効率よく乗っ取ってしまう（図3-8）。こうして大木となったイチジクがたわわに実をつけると、オランウータンやテナガザルなどの霊長類はじめ、ビントロングやジャコウネコなどの果実食の哺乳類や、ホーンビル（サイチョウ）などの鳥が集まり、さながら森の宴会場といった有様になる。しかしイチジクは、ドリアンやマンゴスチンなど一斉結実のときに実るジューシーな果実に比べると、栄養的価値は低く（Leighton 1993）、一斉結実のときはイチジクが実ってもオランウータンは見向きもしない（金森 2013）。イチジクは、東南アジアだけでなく、アフリカにも分布しており、チンパンジーやゴリラにとっても重要な食物である。また、ほかにおいしい果実が実っているときは、イチジクが見向きもされなくなる、というのは、アフリカでも同様らしい。

だが、イチジクも広い森のなかにポツポツとあるだけなので、つねに食べられるわけではない。イチジクの実も見つからないときにはなにを食べているのだろうか。ダナム・バレイでオランウータンの採食時間に占める食物の割合を調べたところ、一斉結実期には果実が採食時間の一〇〇パーセント

図 3-8　絞め殺しイチジク。宿主の木は枯死し、空洞になっている。

に達するが、非結実期には、果実の割合は最小一一パーセントにまで低下し、樹皮（最大二九パーセント）や木の葉（最大五三パーセント）が占める割合が高くなる（金森 2013）（図 3-9）。これら果実・樹皮・葉の主要三品目以外では、花、ショウガ、タケの髄や着生植物なども食べることがある。チンパンジーがよく食べる昆虫（アリやシロアリ）や小型のサルなどの脊椎動物は、ダナム・バレイではほとんど食べられていない。一方、スマトラ島のスワク・バリンビでは、昆虫を採食する時間の占める割合は一〇パーセントに達することがあり（Fox *et al.* 2004）、同島のケタンベでは、複数の個体がスローロリスを捕食しているのが確認されている（Hardus *et al.* 2012）。このような地域によるちがいは、文化的行動と見なされることもあるが（第4章4節参照）、ボルネオ島とスマトラ島のちがいは、昆虫の現存量のちがいによるのだろう、ともいわれている（第4章1節参照）。

ボルネオ島のオランウータンは、厳しい食料事情のなか、なんとか食べられるものを探して命をつ

図 3-9　結実期（上）と非結実期（下）の1日の食物の比較。非結実期には果実が減り樹皮や葉が増える。

ないでいるが、それでも必要なカロリーを摂取できないことがある。尿中ケトン体という、栄養収支がマイナスになる――摂取カロリーが不足して体脂肪を燃焼したときに排出される――物質について調べた研究では、ボルネオ島では複数の調査地でケトン体が検出されているが（Harrison *et al.* 2010）、スマトラ島では検出されたことがない（Wich *et al.* 2006）。ボルネオオランウータンは大型類人猿のなかでは群を抜いて栄養収支が厳しい環境に生息しているといわれている（Knott 2005）。もちろん、ダナム・バレイでもケトン体は検出されており、観察していると、これが同じ個体かと驚くくらい、非結実期に痩せてしまった雌もいる（図3-10）。とくに雌は、妊娠・出産のうえに授乳をするため、雄に比べて栄養的な負荷が大きい。オランウータンの頭骨の形態を比較した研究では、ダナム・バレイに生息する亜種 *P. p. morio* の雌は、ほかの亜種に比べて脳容量が小さい、と指摘されている（Taylor and van Schaik 2007）。雄に関しては種・亜種によるちがいは見られないので、栄養的負荷が高いために、エネルギー消費量の大きな脳を小さくせざるをえないほど、雌は厳しい環境で子育てしているようだ。

こうした厳しい環境で進化してきたオランウータンは、さらに生理的な面でも特殊であることが最近明らかになった。飼育下のオランウータンのエネルギー消費量を調べたところ、オトナ雄で平均二〇〇〇キロカロリー／日、オトナ雌で一五〇〇キロカロリー／日しか消費しないことが明らかになった（Pontzer *et al.* 2010）。これは哺乳類のなかでは、「動かない動物」として有名なナマケモノに次いで低く、三〇～四〇代の日本人男性の一日に必要な推定エネルギー必要量（二六七七キロカロリー）

図 3-10　非結実期に痩せてしまったオトナ雌のベス（上）と結実期後に太ったベス（下）。

や女性の必要量（二〇一二キロカロリー）よりも低い値である（厚生労働省「日本人の食事摂取基準」二〇一五年版をもとに算出）。さて果実が少なくなったとき、グヌン・パルンの雄は三八四二キロカロリー／日摂取している、と前述したが、雄のエネルギー消費量が二〇〇〇キロカロリー／日なら、一見カロリーは足りているように見える。そこで最近、ボルネオ島南部の湿地林トゥアナンで、ニューブランズウィック大学（カナダ）のエリン・ボーゲル博士らは、オランウータンの一日の摂取カロリーとエネルギー消費量を推定して、比較した。七年間の調査期間中、フランジ雄の摂取カロリーが非結実期は平均二六〇一（全期間で最小三二一～最大七五四四）キロカロリー、オトナ雌は同平均二八四七キロカロリー（一一～七九九五）で、摂取カロリーがエネルギー消費量を下まわった月（エネルギー収支がマイナスになった月）は、雄が五四カ月中三八カ月（七〇パーセント）、雌は九二カ月中一四カ月（一五パーセント）だった（Vogel *et al.* 2016）。トゥアナンはボルネオ島内では、生息密度がもっとも高い生息地の一つであり（四頭／平方キロメートル）、ダナム・バレイの四倍近い（一・三頭／平方キロメートル）（金森 2013）。トゥアナンのような泥炭湿地林では、ダナム・バレイのような低地混交フタバガキ林に比べて、果実生産量の変動幅が小さく、果実欠乏期間が短いといわれているが、それでも二～七割の期間は、カロリー収支がマイナスになる。オランウータンは果実が多いときに「食いだめ」できるかどうかが、生死を分けるといっても過言ではない。

オランウータンと同じく果実食に固執するチンパンジーは、オランウータンほど果実欠乏に直面することはなく、尿中ケトン体が検出されたという報告はわずかしかない（Leendertz *et al.* 2010）。果

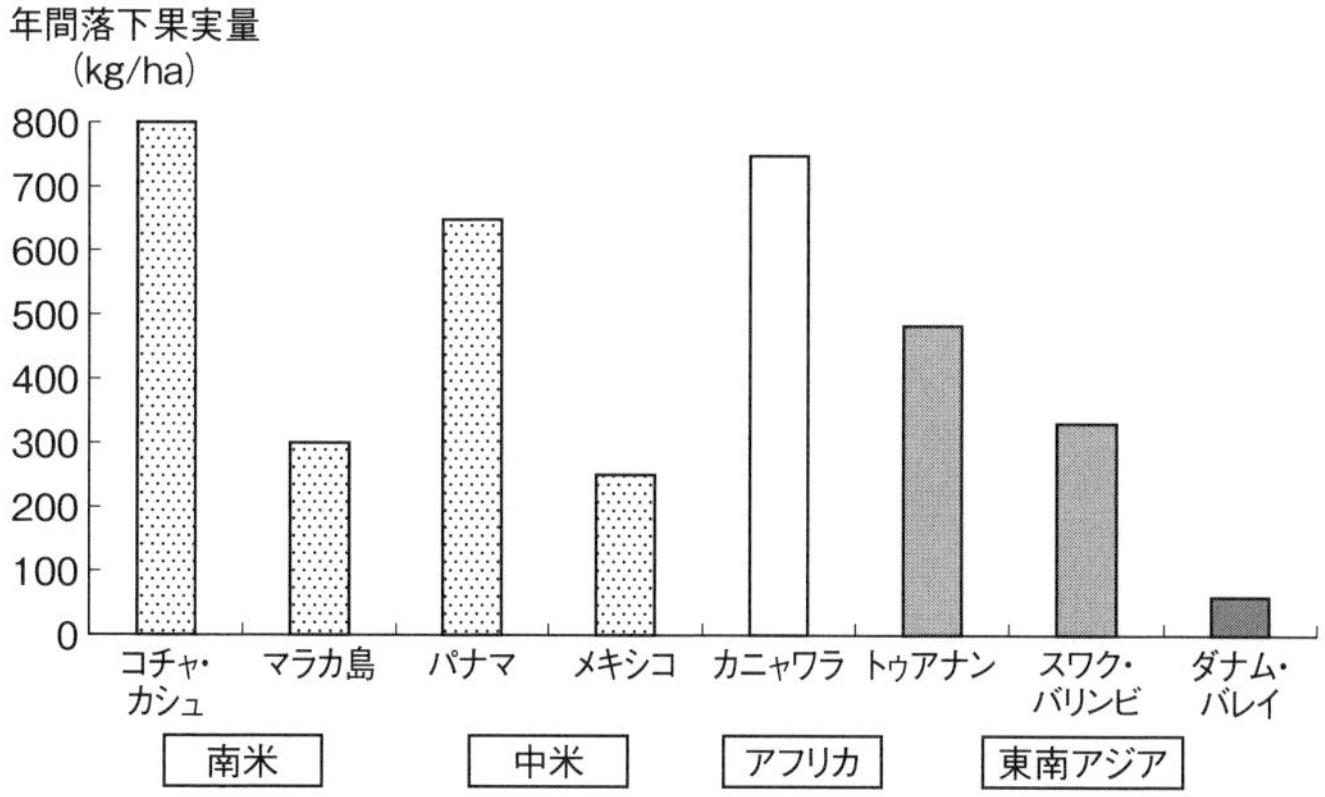

図 3-11　熱帯雨林の果実生産量の比較（Hanya *et al.* 2011 をもとに作成）。

実が少なくなると草本をよく食べるゴリラでも、尿中ケトン体が検出された、という報告はほとんどなく、アフリカ大型類人猿の食物環境は東南アジアに比べるとかなり恵まれている。東南アジア、とくにダナム・バレイの果実生産量は著しく低い、というデータも報告されている。東南アジアと南米、アフリカの霊長類が生息している熱帯雨林の果実生産量を比較すると、アフリカ（ウガンダ）の果実生産量は平均七四六キログラム／年に対して、中南米の果実生産量は二九二〜七九六キログラム／年、ダナム・バレイの果実生産量は五九キログラム／年と一桁違う（図3-11）（Hanya *et al.* 2011）。熱帯雨林に生息する霊長類のなかでは、オランウータンはかなり過酷な環境で暮らしている、といえるだろう。

図 3-12　細いツルにつかまって移動する若い個体。

4　命がけの樹上生活

オランウータンには霊長類、哺乳類のなかでも「唯一」、「最大」、「最長」といった形容詞がよくつくが（昼行性霊長類のなかで唯一の単独性、出産間隔が陸生哺乳類で最長、など）、彼らは現存する最大の樹上性動物でもある。「木に登ることができる動物」なら、ゴリラやライオン、クマなどオランウータンよりも体の大きなものはいる。だが、オランウータンは、基本的に樹上で食べて、寝て、移動し、地上に下りてくるのはまれであるという点で、これらの動物とは異なる。オランウータン以外で樹上生活する哺乳類は、テナガザルやリーフモンキーなどの霊長類、リスやムササビなどの齧歯類といったほとんどが体重二〇キログラム以下の中小型の哺乳類ばかりである。なぜオランウータンはこんなに大きな体で樹上生活をしているのだろ

図 3-13　地面を歩くフランジ雄。

う。

大きな体で樹上生活、とくに樹上を移動するのはたいへんで、危険が多い（図3-12）。オランウータンが移動中につかまっていたツルや枝が折れて、落ちそうになったのを見たことは何度もある。若雄だったオニが、移動中につかんでいたツルが切れて、二〇メートルぐらいの高さから一〇メートル以上落下し、ハラハラしたこともある。幸いオニは落ちる途中で枝をつかみ、地面にたたきつけられずにすんだ。RAのピオから、フランジ雄が移動中に枝が折れて、一〇メートルぐらいの高さから地面に落ちて、しばらく動かなかった例を聞いたこともある。じつは、ボルネオ島では体の大きなオトナ雄は地上を歩くことが少なくない（図3-13）。とくに私たちが追跡しているとき、地面を歩いて薮に潜り込まれると、見失ってしまう。地上では樹上よりも彼らの警戒心が強く、見失わないようにと距離を縮めすぎると、怒って私たちに向かって襲いかかってくることもある。幸い、まだ私たちの調査チーム内では、ケガをした者はいないが、数十メートル追いかけられた、足をつかまれそうになった、という経験者はいる。一九八〇年代にボルネオ島東部のクタイ国立公園でオランウータンのロコモション（運動様式）を研究したプエルトリコ大学のカント博士は、「雄のオランウータンは地面を歩いてばかりいたので、樹上移動のデータがとれなかった」と論文に記している（Cant 1987）。一方で、オトナ雌やコドモが地面を歩くことはまれである。オトナ雌やコドモが地面を歩くのは、森林伐採や倒木などで樹上移動できない場所を通って、栄養豊富な果実が実っている木に行くときや、ミネラル分を摂取するために、塩場や土食いスポットを訪れるときぐらいである（松林 2015）。

ボルネオ島ではフランジ雄が地面を歩くことが多いが、スマトラ島でフランジ雄が一〇メートル以下の高さまで下りてくることはほとんどない（Thorpe and Crompton 2004）。これはスマトラ島には、フランジ雄でさえ捕食することができる大型肉食動物のスマトラトラ（雄の体重一〇〇～一五〇キログラム、全長二二〇～二七〇センチメートル）が生息しているからだろう、といわれている。スマトラトラは体が大きなうえに一〇メートル近くジャンプすることができ、オランウータンにとってはヒトに次いでもっとも恐ろしい捕食者だ。現在、ボルネオ島にはトラは生息していないが、島内からトラの化石は発見されている（Bellwood 1997）。またオランウータンは一万年前まではアジア大陸にも分布していたので（第1章参照）、そこでもトラと共存していただろう。オランウータンの長い進化の歴史のなかで、捕食者（トラ）の存在は大きな脅威だったはずだ。最近カメラトラップを用いた研

図 3-14　手足を握り込む。

究から、ヒトの存在がなければ、雌雄のオランウータンはもっと地上移動する可能性が指摘されている（Ancrenaz *et al.* 2014）。しかし、オランウータンは樹上の生活に適応するために独自の身体（筋骨格系）を進化させており（ジュコフルツ 1989）、地上に下りることはあっても、彼らのおもな生活空間が樹上であることは明らかだ。

オランウータンには大きな体で樹上生活するために進化してきた、多くの特徴がある（ジュコフルツ 1989）。たとえば、彼らの手首の構造はフック状になっていて、意識的に手足を開く動作をしないと、手足は握り込んだかたちをとるようになっている（図3-14）。つまり意識を失うとむしろ手足は閉じてしまう。有名なのは「大腿骨頭靱帯がない」という特徴だ。大腿骨頭靱帯は、骨盤と大腿骨をつなぐ靱帯で、直立二足歩行をするヒトではとくに太く強靱である。だが、オランウータンではこの靱帯が退化（ほぼ消失）している。動物

図 3-15　V 字開脚。

園で死産したオランウータンの子を解剖すると、筋肉を削いだだけで、簡単に大腿骨が外れてしまう（ヒトを含む他種では、新生児であっても骨頭靱帯を切らないと大腿骨を外すことはできない）（Endo *et al.* 2004）。このため、チンパンジーやゴリラに比べると、オランウータンのアカンボウは、地面で四つんばいで歩ける（ハイハイする）までにかなり時間がかかる。チンパンジーやゴリラは生後六カ月には、四つんばいで歩けるようになるが、オランウータンは一歳近くになっても、腹を地面につけてずりずりと「這う」ことしかできない。大腿骨と骨盤周辺の筋肉が十分に発達しないと、後肢で体重を支えることができないからだろう。

一方、オランウータンのアカンボウは、生後六カ月ぐらいから木登りを始め、母親から一～二メートル離れるようになる。樹上にはハイハイできるような平らな環境がほとんどないので、手足でツルや枝をつかめれば、動きまわることができる（後肢で体重を支える必要がない)。むしろ大腿骨頭靱帯がないために、V字開脚をやすやすと行うことができ(図3-15)、チンパンジーやゴリラにはまねできないような体勢で、自由に樹上を移動することができる。

捕食者以外に、オランウータンが地上に下りない理由は、もう一つある。東南アジアの熱帯雨林の地上には、食べものがほとんどないのだ。アフリカに住むチンパンジーやゴリラは、地上に生える草本植物も食物として利用していて、地上を歩いて移動するときに、これらの草本を食べることがよくある(中村 2009)。しかし、オランウータンが住む東南アジアの熱帯雨林では、一〇~七〇メートルの高さまで、さまざまな樹高の木々がひしめきあい、地上にはほとんど光が届かず、昼間でも薄暗くひんやりしている。川沿いや倒木によって生じたギャップなどを除けば、草本植物はほとんど生えていない(図3-16)。そのうえ、東南アジアの熱帯雨林は、森林構造がアフリカや南米の熱帯雨林より複雑だ(図3-17)。でこぼこした樹冠で食べものを探すには、いちいち数十メートルも木から下りたり登ったりを繰り返すより、地面に下りずに横方向に移動すれば効率がよい。ボルネオ島の熱帯雨林は、世界でもっとも「飛ぶ動物」の多様性が高く、トビトカゲ、トビヘビ、トビガエル、フライングレムール等々、さまざまな動物が飛翔能力を進化させている。森林構造が複雑なボルネオ島の熱帯雨林では、登り下りを繰り返すよりも滑空することで節約できるエネルギーが非常に大きいからだ、と指摘されている(Dial 2003)。ただし、滑空という選択肢を選べるのは、体が小さな動物(最大二キログラム)に限られる。

オランウータンの樹上移動の方法は、独特だ。同じ森に住むカニクイザルなどの中型の霊長類は、

図 3-16　草がほとんど生えていない林床。

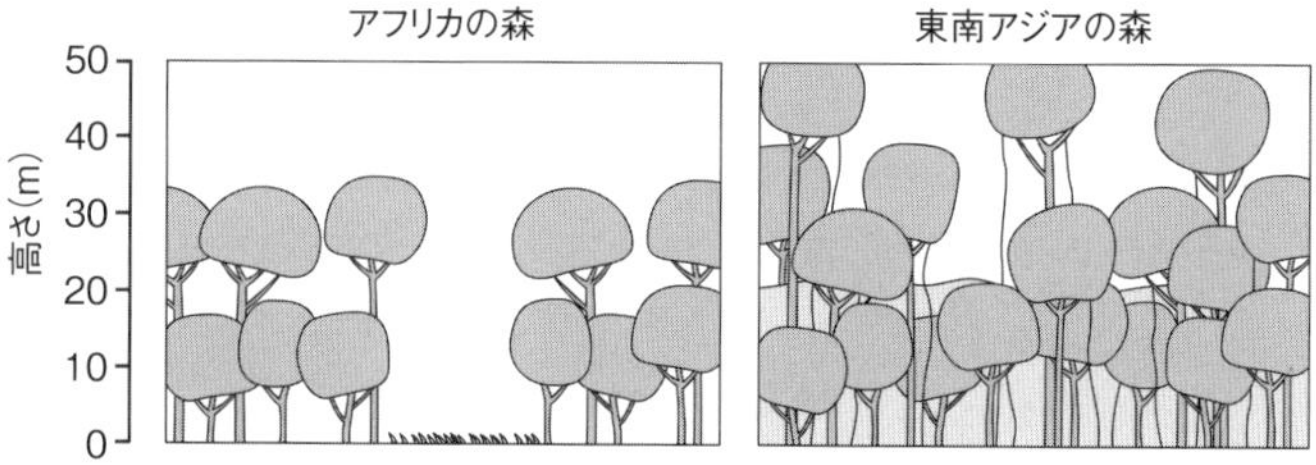

図 3-17　東南アジアとアフリカの熱帯雨林の比較（作成：蔦谷匠）。

図 3-18　オランウータンの樹上移動（三点確保）。

幹に飛びつくようにジャンプして樹上移動することが多いが、オランウータンは四肢でしっかり支持体（枝やツル）を握って、慎重に移動し、ジャンプすることはない。基本的に二種類以上の支持体を三点でつかみ（図3-18）、大木の大枝を移動するときを除くと、移動中に一種類の支持体に全体重を預けることは少ない。どれか一本の支持体が折れても、残りの支持体で体を支え、落下を防いでいる。またオランウータンは、体が重いことを活かした、「木揺すり（sway）」（スウェイ）と呼ばれる移動方法もよく使う。これは五～一〇メートル程度の高さの低木の上に乗り、自らの体重を使って木全体を揺らして、横方向に移動する方法だ（図3-19）。この方法も非常にエネルギー効率がよいと報告されている（Thorpe 2009）。木揺すりはチンパンジーやニシゴリラも行うが、オランウータンより頻度は低いようだ（Thorpe and Crompton 2006）。セピロクの半野生個体を見ていたとき、一〇歳前後のワカモ

図 3-19　木揺すり（スウェイ sway）。

ノはスウェイをしていたが、三～五歳のコドモはスウェイをすることができなかった。スウェイはある程度、体が大きく移動能力が高い個体でないとできない移動方法でもある。

樹上で生きていくためにオランウータンが獲得したのは、特別な身体だけではない。私が野生オランウータンを見ていて、「賢い生きもの」だと感じるのは樹上を一定のスピードで迷いなく移動しているときだ。とくに年かさの子連れの雌は、非常にスムーズに移動していく。一方で、コドモやワカモノはむだな動きが多く、落ちそうになることや、一度引き返してから別ルートでもとの方向に移動するなど、試行錯誤が多い。いつどこでどの木が実をつけるのか、今はどこでなにを食べられるのか、を知っているだけでなく、その場所に行くためにどのルートをとればよいのか、とつねに考える必要がある。しかもルートを選ぶときには、自分の体の大きさ（プラス雌の場合は「連れている子の大きさ」）や身体能力に応じて選ぶ必要がある。樹上にはオランウータンにとっての「道」のように認識されている経路があるのだろう、と提案している研究者もいるが（MacKinnon 1974）、まだ立証されていない。かりに「道」が存在するとしても、森のなかの環境は、倒木や枝落ちで刻々と変化する。細くても丈夫なツルもあれば、太くても折れやすい枝もある。それらの樹種や地理に関する膨大な知識を駆使して、彼らは緑の樹海を渡っていく。さらにこの「航海」に失敗は許されない。次につかむ枝の選択をまちがえ、体重を支えきれずに枝が折れてしまったら、地面にたたきつけられて死ぬかもしれない。大きな体で樹上を移動するということは、つねに「次の一歩が死への一歩」につながりかねない、試行錯誤の余地が少ない厳しい世界だ。飼育下でもオランウータンは慎重で、チンパンジーよりも試行錯誤することが少ない、という話を動物園の飼育担当者から聞くことはめずらしくない。霊長類の知能を調べるために行われたある認知実験でも、オランウータンが数回試みて成功しなかったところ、その後なにもしなくなり、翌朝に同じ実験をしたら突然成功したという、まるで一晩考えて正解を導きだしたかのような、「洞察力」の高さがうかがえるエピソードもある（Shumaker *et al.* 2001）。

ヒトや大型類人猿、イルカなど一部の種のみが高度な知性を進化させているのはなぜだろうか。一九九〇年代後半から、このような高い知性は、複雑な社会環境のなかで、相手の行動を予測し、だましたり、自分に有利になるようにふるまえるから進化した、という社会的知性仮説（マキャベリ的知性仮説）が提唱されている（バーン・ホワイトゥン 2004）。だが、単独性が強く、複雑な社会交渉をほとんど行わないオランウータンが高い知性を持つことを、この仮説では説明できない。「オランウータンはむだに賢いように見える」、「オランウータンの知性は、過去にもっと複雑な社会を形成していた祖先から受け継いだ名残だ」という意見もある（バーン・ホワイトゥン2004）。一方で、「大きな体で樹上移動することが、（オランウータンのみならずゴリラやチンパンジーを含め）大型類人猿の高い知性を進化させる要因になった」という仮説を提唱している研究者もいる（Povinelli and Cant 1995）。私もオランウータンの高い知性は、「次の一歩が死への一歩」につながりかねない、樹上という厳しい環境で生き抜くために獲得してきた能力ではないか、と考えている。

第4章
孤独だけど孤立しない
オランウータンの社会

樹上30メートルでくつろぐヤンティ母子と、その上で遊ぶコドモ（ジュン）と若雄（オニ）

1　究極の「個人主義」？——オランウータンの社会

昼行性霊長類は群れをつくって生活するのが普通だが、オランウータンは昼行性の霊長類としては唯一、群れをつくらない、とされている。基本的にオトナと、母親から独立したワカモノは単独で行動し、乳幼児のみが母親と一緒に行動する。だが、ほかの単独性の霊長類（おもに夜行性の原猿類）や哺乳類とは異なり、オランウータンは排他的な「なわばり」はつくらず、複数の個体が同じ土地を重複して利用する（遊動域が重複している）。単独性でなわばりをつくる動物のなかには、異性とはなわばりが重複するが、同性とは排他的、という場合が多いが（マメジカ、マレーグマなど）、オランウータンでは同性とも遊動域が重複する（図4-1）。実際には、第2章や第3章で紹介したように、果実が豊富な時期は複数の母子を含む四〜一〇頭のグループで行動することがある。とくにワカモノは果実生産量にかかわらず、二〜三頭が連れだって行動することがよく見られる（Galdikas 1985b, ガルディカス 1999）。しかし、オトナ雄（とくにフランジ雄）は交尾のために雌と一緒に行動する（配偶行動）ことはあっても、それ以外の個体と連れだって行動することは基本的にない（Galdikas 1985a, ガルディカス 1999）。フランジ雄（二次性徴が発達した優位な雄、詳細は次節）は、複数の雌の遊動域をカバーするような広い遊動域を持ち、遊動域の面積は、雌でおよそ三平方キロメートル

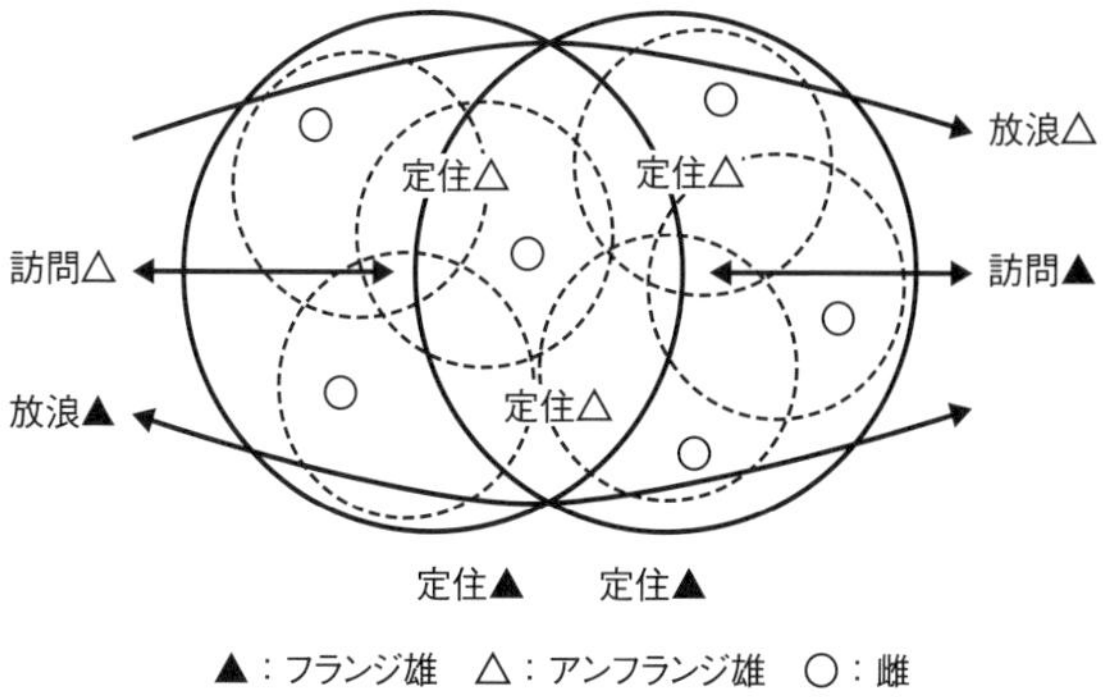

図 4-1　オランウータンの社会。

（四〇〜八五〇ヘクタール）、雄は二五平方キロメートル以上とされているが（Singleton *et al.* 2010）、雄の遊動域を明らかにした研究はほとんどない。オランウータンの雌の遊動域は、チンパンジーの群れ（年平均五〜一四平方キロメートル）（Nakamura *et al.* 2013）やゴリラの群れ（四〜三一平方キロメートル）（Harcourt and Stewart 2008）に比べると狭いが、チンパンジーの雌一頭の遊動域（二〇〇〜二四〇〇ヘクタール）（Emery Thompson *et al.* 2007）の範囲におさまる。

オランウータンでは、群れで生活するほかの霊長類とは異なり、毛づくろいやケンカ、遊びなど身体接触をともなう社会交渉を観察することは、全観察時間の一パーセント以下である（Delgado and van Schaik 2000）。このため、オランウータンの社会行動を、ほかの群れで生活する類人猿と比較することは、非常にむずかしい。オランウータン研究者は、「五〇メートル以内に他個体がいる」場合を「社会的な場面」ととらえるが（金森 2013）、ほかの霊長類の研究者にはこの定義は理解されないことが多い。しかし、通常は五〇メートル以内に他個体が存在しないオランウータンの生活において、明確な社会交渉が起きなくても五〇メートル以内に他個体が存在する、というのは、意味があるように思える。なぜなら、それはどちらかの個体（あるいは両方）が、相手に接近してきた（接近を許容した）ことを意味するのであり、その頻度に性や年齢、個体によって差があるなら、それは彼らの社会性のちがいを示す一つの指標となりうる、とオランウータン研究者は考えている（Galdikas 1985b など）。一方で、「五〇メートル」という数値は「その範囲に他個体がいれば人間でも気がつく」という、観察上の便宜的なもので、オランウータンにとって、個体間距離何メートル以内が社会的な意味を持つ数値なのかは、現段階ではわかっていない。

チンパンジーは、雄が出生地にとどまり、雌が出生地から分散する父系（少なくとも非母系）社会として知られている。ゴリラでは、基本的に雌雄ともに出生地から分散するが、雄が出生地にとどまることもある（山極 2015）。一方でオランウータンは母系（少なくとも非父系）社会とされている。母親から独立した雌は、比較的出生地に近い（母親の遊動域と接する、もしくは重複する）場所に新たな遊動域を確立するが、雄は出生地から遠く離れる、とされている。オランウータンの雄の遊動域に比べて、調査地の面積が小さすぎるため、独立後の雄の行動をくわしく調べた研究はほとんどない。しかし最近の集団遺伝学の研究によって、雌が出生地にとどまり、雄がかなり長距離まで分散することが明らかになった。母系遺伝する（母から子へ伝わる）ミトコンドリアＤＮＡの型（ハプロタイプ）を調べることで、集団間がどのぐらい近しい関係かを調べる研究は、ヒトやさまざまな動物種を対象に行われている。オランウータンにおいても、それぞれの地域で固有のタイプが見つかっている

（Arora *et al.* 2012）。一方、父系遺伝するY染色体のハプロタイプを調べると、オランウータンでは広範囲にわたって同じタイプが見られると同時に、狭い地域に複数のタイプが発見されている（Nietlisbach *et al.* 2012）。たとえば、ダナム・バレイではミトコンドリアDNAは二タイプ（二〇個体）、Y染色体は五タイプ（八個体）見つかっている（Arora *et al.* 未発表）。ほかの大型類人猿では、逆の結果が得られており、チンパンジーでは、同じ地域個体群内ではミトコンドリアDNAのハプロタイプの多様性が高く、Y染色体の多様性が低くなっている。またゴリラでも、隣接する群れの雄間に遺伝的ちがいが小さく、雌間の遺伝的多様性が高い、という報告がある（井上 2016）。チンパンジーやゴリラでは、雌より雄が生まれた場所やその近くにとどまる傾向があり、オランウータンでは雄よりも雌が生まれた場所やその近くにとどまる、という観察結果を裏づけている。

オランウータンの雌どうしの関係にも、血縁は影響しているようだ。直接観察とDNA分析による結果から、血縁関係のある雌どうし（母娘、姉妹など）は、非血縁の雌よりも、一緒に行動する頻度が高く、親和的である一方、非血縁間では非親和的な行動が多く見られる、ということも報告されている。血縁雌どうしは、同じ木で一緒に採食する頻度が高く、非血縁雌どうしは、優位な雌の採食が終わるまで、劣位の雌は近くで待っている、優位な雌が劣位の雌を追い払う、などの行動が観察されている（van Noordwijk *et al.* 2012）。また母親どうしが血縁関係の場合、非血縁の場合よりもコドモどうしが一緒に遊ぶ頻度が高い、という報告もある（van Noordwijk *et al.* 2012）。

ダナム・バレイの調査地内のオトナ雌間には血縁関係がないことがDNA分析の結果、確かめられている。おそらく調査地の面積が狭すぎて、十分な個体数を観察できていないからだろう。一方、母親どうしが非血縁の母子ペアが行動をともにして、コドモどうしが一緒に遊ぶのは、果実が豊富な時期にはよく観察されている。また第一子と推定される雌（ヤマト）の子が、弟のキミーが生まれた後もずっと母スミ（とキミー）と行動をともにしている例を観察している。次の子（第三子のレキシィ）が生まれて、ようやくヤマトは母親と別行動をとるようになった。これは母親の娘への寛容性の高さ、雌の母親への執着を示す一例かもしれない。別の母子（ヤンティとジュン）では、弟（トイ）が生まれると、ジュンは母親と行動をともにすることがまれにしか見られなかった。これは母親の性格のちがいなのか、第一子か否かが影響する（ヤンティはスミよりかなり年上と推定されているので、彼女にとってジュンが第一子である可能性は低い）のかもしれないが、こうしたコドモの性別や初産か否かによって、母親の子への寛容性が異なるのかどうかは、わかっていない。また、ダナム・バレイでは移入してきた若い雌（おそらく調査地の外に母親の遊動域がある）は、年上の（非血縁の）子連れ雌について歩き、コドモと一緒に遊ぶ姿が観察されている。一方で、年上の雌と一緒に行動する姿がほとんど観察されていない若雌もいる。経産雌の寛容性がちがうというよりは、若雌自身の性格のちがいが大きいようだ。

一方、母親から独り立ちした雄は、しばらくは母親の遊動域内で単独で行動しながら、ほかのワカモノと行動をともにすることが多い（Galdikas 1985b）。また、ときどきは母親と行動をともにして弟妹と一緒に遊ぶ姿も見られるが、その頻度は年とともに低下し、性成熟する一五歳ごろまでに息子の姿は調査地内では見られなくなるのが一般的だ（van Noordwijk *et al.* 2009）。なかには一五歳を過ぎ、アンフランジ雄になった後も年に一、二度出生地に戻ってくる雄がいる（Morrogh-Bernard *et al.* 2011）。こうした雄は、出生地に移入してきた若い雌と交尾してコドモを残している可能性もあるようだ。この行動は、環境を熟知した出生地であれば、容易に十分な食物を食べて体を大きくすることができ、出生地外での（将来の）雄間闘争に有利になる繁殖戦略の一種ではないか、と指摘されている（Morrogh-Bernard *et al.* 2011）。ダナム・バレイでもベスの息子のオニは、調査を開始した二〇〇四年の時点ですでに母親から独立した推定一〇歳の若雄だったが、二〇歳を超えているはずの二〇一六年になっても、一年に数回、観察されている。さらにオニはリナという移入雌と交尾しているのが確認されており、リナの第一子（出産直後に消失）と第二子の父親候補である（DNAによる父子判定は今後行う予定である）。またオニは、出生地に戻ってきても母親はもちろん、古株の経産雌たちと交尾する姿は観察されていない。雄の長い一生（寿命は雄でも五〇～六〇歳と考えられている）（Wich *et al.* 2004）を考えると、一〇代後半～二〇代のワカモノ期に、頻繁に「実家（出生地）」に戻って力を蓄え、可能であれば若雌との間で子を残すことは、一生の間に少しでも多くの子を残すには有効な手段かもしれない。どのオランウータンの調査地でも、「ときどき戻ってくる（観察できる）オトナ雄」は報告されており（Delgado and van Schaik 2000）、もしかしたら、そのうちの一部は、出生地に戻ってきている雄なのかもしれない。

また、オランウータンの調査地では、どこでも「一回しか観察していない雄」もいる（Galdikas

1985a)。おそらく長距離移動中に調査地を「通過」した雄だと推定されており、ダナム・バレイでも今までに四個体、一〜二カ月の短期間しか観察できなかった雄がいる。オランウータンの雄は、後述するように「二型成熟」という独特の繁殖様式を持っているが、母親から独り立ちした後の雄たちの生活史はほとんど解明されていないといってよい。何十年も（あるいは一生）、放浪を続けるのか。調査地によっては二〇年以上、同じ調査地で観察されている雄もいるが、ダナム・バレイでは七年以上継続して観察されている雄はアンフランジ雄二頭のみで（オニとジャック）、ほかのフランジ雄は二〜六年のうちに入れ替わってしまう。雄の遊動域が広すぎ、また長期にわたって移動を続けるため、現在の観察手法や調査地の面積では、彼らの遊動をとらえきることはできないのだろう。DNA研究から、雄が長距離分散することは確かめられたが、すべての個体が長距離分散するのか、年齢によって行動にちがいがあるのか（たとえば一〇〜二〇代は放浪し、三〇〜四〇代は定住するなど）、あるいは個体差があるのか（一生放浪し続ける雄や、ほぼ定住し続ける雄がいるのか）、もまったくわかっていない。チンパンジーやゴリラについては、出生から死ぬまでを調査記録できた個体が何頭もおり、彼らのライフヒストリー（一生）は明らかになりつつあるが（中村 2015, 山極 2015）、オランウータンでは出生から死亡まで記録された野生個体は一頭もいない。オランウータンの一生を見届けるためには、研究者の側も世代交代をしながら長期調査を継続し、新しい手法や技術を導入しなければならないだろう。

「オランウータンに単位集団（群れとしてのまとまり）はあるのか」、私は今もこの質問を投げかけられることがある。オランウータンは単独性といわれているが、ほんとうに「群れ（なんらかの社会的なまとまり）」はないのだろうか。一九六〇年代後半にダナム・バレイに近いウル・セガマで、初めて本格的な野生オランウータンの調査をしたジョン・マッキノンは、「フランジ雄に率いられるように移動する複数の雄雌を含む集団を観察した」と報告している。当時、ウル・セガマ周辺では大規模な森林伐採が始まっていて、マッキノンは伐採地から逃げてきたグループではないか、と推定していた（マッキノン 1977）。少なくとも、最近の研究から、雌の間には血縁を介したある程度強い絆があることはわかってきたが、単位集団といえるほどの強固な結びつきは見られない。さらに雄は頻繁にいなくなり、観察できない空白期間が長く、断片的な観察やDNA分析の結果をつなぎあわせて、彼らの社会関係を推測している。このため、どの程度長期間にわたって、それぞれの個体、とくに雌雄が関係を維持しているのかは、正直わからない。数十年ぶりに出会った個体でも、彼らは認識できるのか。数年に一度出会うだけでも、彼らには意味があるのか。マッキノンが観察したように、「非常事態」に顕在化するなんらかのまとまりがあるのか。チンパンジーやゴリラなどほかの大型類人猿と大きく異なる社会性を持つオランウータンにおいて、もし単位集団が存在するとしても、時間的空間的スケールにおいて、他種とはかなり異なることはまちがいないだろう。

2 「変身」する雄

オランウータンの雄には、哺乳類のなかではめずらしい「二型成熟」という特徴がある。二型成熟とは、性的に成熟した雄に、外見で明らかに区別できる二つのタイプ（二型）があることを指す。オランウータン以外には、マンドリル（顔や陰部が赤や青などの派手な色彩になる）やバーベットモンキー（優位な雄は顔の色彩が鮮やかになる）、ベローシファカ（腹部の特定の部位の色が変わる）で、社会的な優劣関係にともなってオトナ雄の形態が変化する例が報告されているが、哺乳類では比較的めずらしい現象である（Banes *et al.* 2015）。オランウータンの雄を単独で飼育すると、一〇歳ごろから二次性徴が発達し、「フランジ雄」になる（図4-2下）。顔の両側の張りだし（フランジ、別名チークパッド）、大きな喉袋、臭腺（特有のカビくさいにおいを発する）などの特徴が現れ、喉袋を使って「ロングコール」と呼ばれる音声を発するようになる。飼育下で二頭以上の雄を一緒に飼育している場合や、野生下では、こうした二次性徴が発達しない（停止した）、「アンフランジ雄」が見られる。アンフランジ雄はフランジが発達せず、ロングコールを発することもない（図4-2上）。とくに野生下では、小柄なアンフランジ雄はコドモを連れていない雌と区別することがむずかしい。体の大きさは、フランジ雄は基本的に雌の二倍程度の大きさだが、アンフランジ雄は雌と同程度の大きさのものから、フランジ雄と遜色ない大きさのものもいる。通常、アンフランジ雄からフランジ雄へ変化

図 4-2　アンフランジ雄（上）とフランジ雄（下）（多摩動物公園）。

が始まると、一年ほどで「変身」は完了する。

このような二次性徴の停止は、社会的な抑圧が引き起こしたストレスが原因だろうと以前はいわれていた。実際、社会的なストレスによって、成長が止まったり、繁殖能力が低下する例は、マウスを使った実験で多くの報告がある(Maggioncalda *et al.* 2002)。だが、オランウータンにおける二次性徴の停止は、ストレスによるものではない。飼育下で行われた研究から、ストレスの指標となるホルモン(コルチゾル)の値は、アンフランジ雄とフランジ雄で変わらない(Maggioncalda *et al.* 2002)。さらにアンフランジ雄には完全な繁殖能力があり、飼育下でも野生下でもコドモを残している例が報告されている(Kingsley 1982, Utami *et al.* 2002, Tajima *et al.* 2018)。

名古屋市立東山動植物園では、フランジ雄だった父親(バラン)が五〇歳で死亡した直後から、息子のピカ(当時一二歳)がロングコールのような音声を発するようになり、フランジが出始めた(ピカは完全なフランジ雄になる前に急性心不全で死亡)(図4-3)。また、多摩動物公園で飼育されているフランジ雄ボルネオは、一三歳でシンガポール動物園から来園したとき、すでにキューというフランジ雄がいたため、一五歳を過ぎてもフランジが発達せず、アンフランジ雄だった。ボルネオが一七歳になったころ、檻越しにキューと麻布のひっぱりあいをする、という力くらべのようなことが起き、ボルネオはこれに勝った。以前はキューと交尾させていた年上の雌(出産経験がある)とボルネオを交尾させたことも重なって、自信をつけたのか、ボルネオは一七歳から一八歳の間にアンフランジ雄(図4-2上)からフランジ雄(図4-2下)へと変貌を遂げた。またアメリカの動物園では、一

図 4-3　フランジが大きくなり始めたピカ（提供：名古屋市立東山動植物園）。

頭で飼育されているにもかかわらずアンフランジだった雄が、飼育担当者が変わった後にフランジ雄に変身した例も報告されている。アンフランジ雄のときの飼育担当者は「高圧的」だったらしく、雄は自身を飼育担当者より劣位だと認識していたのかもしれない。

アンフランジ雄からフランジ雄に変化する（ホルモン値が変わる）きっかけは、視覚（フランジ雄の姿を見る）、聴覚（ロングコールを聞く）、嗅覚（フランジ雄の独特のにおいをかぐ）など刺激が候補として考えられているが（Maggioncalda *et al.* 2002）、少なくとも前述の事例を見る限り、いずれか一つの刺激に対して、単純に反応するのではなく、自分と周囲の雄との相対的な力関係や雌と交尾できるかどうか、といったさまざまな要因を総合的に判断して、各個体が「変身」を決意しているようにも見える。

一方、ハーバード大学のシェリル・ノット博士は、「母親の妊娠中の栄養状態（胎内環境）が、息子が将来、フランジ雄になりやすいかどうかに影響する（栄養状態がよいとフランジ雄になりやすい）」という、エピジェネティックスにもとづいた仮説を提示している。実際、ノット博士たちは、飼育下で早くフランジ雄になった個体は、そうでない個体に比べて、フランジの発達を促す雄性ホルモン（テストステロン）の値が高いことを報告している（Emery Thompson *et al.* 2012）。しかし、ホルモン値の個体差が何歳から生じるのか（フランジ発達後なのか、発達前からなのか）は、まだ明らかになってない。

野生オランウータンの研究が本格的に始まったころから、研究者はオトナ雄の間に二つのタイプがあることに気がついていたが、当初はアンフランジ雄は若い雄、フランジ雄は年老いた雄、と考えられていた（マッキノン 1977）。そしてどちらもオトナ雌と交尾するものの、フランジ雄よりアンフランジ雄の交尾頻度が高いことから、「フランジ雄は息子たち（アンフランジ雄）を守っている」という「ガーディアン仮説」も唱えられていた（マッキノン 1977）。

一方で、フランジ雄とアンフランジ雄に血縁関係はなく、それぞれ異なる繁殖戦略をとっているのではないかという仮説も提示されていた。アンフランジ雄は交尾を嫌がって抵抗する雌を力づくでおさえつけて、強制的に交尾することが多い。たとえばボルネオ島のクタイ国立公園では、観察されたアンフランジ雄の交尾の九五パーセント（一五一回中一四四回）で、雌が抵抗していた（Mitani

1985)。チンパンジーやニホンザルなどほかの霊長類でも、抵抗する雌を無理矢理おさえつけて交尾することはあるが、これほど高い割合で雌の激しい抵抗をともなう交尾を行う霊長類は、ヒト以外ではオランウータンしかいない（ランガム・ピーターソン 1998）。これらの観察から、アンフランジ雄は雌と変わらない小さな体を活かして（雌より体が大きいと、移動にかかるエネルギーコストが大きくなる）、雌を探して追いかけて交尾する「ストーカー戦略」をとっている、とされている。一方、フランジ雄には雌のほうから近づき、親和的に交尾することが多い。フランジ雄は、ロングコールによって自分の居場所をアピールし、雌が近づいてくるのを待つ「座して待つ戦略」をとっているのではないか、といわれていた（Utami *et al.* 2002）。つまり、二タイプの雄はそれぞれ異なる繁殖戦略のもとで行動している、という仮説である。この「ガーディアン仮説」と「繁殖戦略のちがい仮説」のどちらが正しいのか、が初めて本格的に検証されたのは、二〇〇〇年代になってからである。

インドネシア国立大学のスッチー・ウタミ博士らは、スマトラ島グヌン・ルーサー国立公園（世界自然遺産）内にある調査基地ケタンベで、一九七〇年代から継続調査している野生オランウータンを対象に、フランジ雄とアンフランジ雄がどの程度コドモを残しているのか、また雄たちの間に血縁関係があるのかを直接観察と糞から採取したDNAをもとに調べた。その結果、フランジ雄もアンフランジ雄もコドモを残しており、雄間には血縁関係がないことが明らかになった。ケタンベではジョンというフランジ雄が調査開始から一八年間、一番強い雄として君臨していたが、新しくほかの地域から移住してきたフランジ雄（ヌー）とケンカをして負けた後、二〇年以上、アンフランジだった雄、ボリスが、急にフランジに変わって、ヌーに挑戦を始めた。このころ、ボリス以外のアンフランジ雄たちも入り乱れてケンカが続き、雄たちの順位が混乱する一方で、多くのアンフランジ雄が、雌たちと親和的に交尾をしてコドモを残していた。またボリスは二〇年間「若雄（アンフランジ雄）」とされていたが、フランジ雄になる少なくとも二〇年前に、コドモを一頭、産ませていたこともわかった。ウタミ博士らは、「雌は将来有望な（フランジ雄になりそうな）雄をコドモの父親に選んでいるのかもしれない」と考察していた（Utami *et al.* 2002）。その後、ボルネオ島サバ州のキナバタンガン川流域のスカウで行われた研究でも、同様に雄間に血縁関係がない一方で、フランジ雄とアンフランジ雄の両方がコドモを残していることが確かめられている（Goossens *et al.* 2006）。この二つの研究結果からフランジ雄は息子（アンフランジ雄）たちを守っている「ガーディアン」ではなく、フランジ雄とアンフランジ雄はそれぞれ異なる繁殖戦略のもとに行動していることが明らかになった。

フランジ雄とアンフランジ雄では、雌との付き合い方が異なるだけでなく、雄どうしの付き合い方にも大きなちがいがある。通常、フランジ雄どうしは、おたがい出会わないように避け合っている。森のなかで一頭のフランジ雄がロングコールをあげると、離れた場所から別なフランジ雄がロングコールを返すことがある。これによっておたがいの位置を把握して、出会わないようにしたり、闘ったりしているのだろう（ガルディカス 1999）。フランジ雄どうしが出会うと、殺し合いになりかねないほどの激しい闘争が起きる（ガルディカス 1999）。たとえば、ボルネオ島のグヌン・パルン国立公園では、雄どうしのケンカで負った傷がもとで死亡した例も報告されている（ノット 1998）。また、ダナム・

図 4-4　左まぶたが切れ、左人差し指が曲がらないクリッパー。

バレイでは今まで一〇頭以上のフランジ雄を観察しているが、ほぼすべての個体がなんらかの傷を負っていた。左のまぶたが切れて左人差し指が曲がらないクリッパー（図4-4）、しょっちゅう肩や指をケガしているアブ。ダナム・バレイではフランジ雄どうしのケンカを直接観察した例はまだないが、傷がないフランジ雄はめったにいないので、私たち研究者の目にふれない場所で、彼らは激しい闘いを繰り広げているようだ。

アンフランジ雄は、基本的にフランジ雄を避けているが、フランジ雄がアンフランジ雄と出会っても、フランジ雄どうしのような激しい闘争は起こらない。アンフランジ雄どうしは、複数で連れだって行動することもある（Galdikas 1985c）。フランジ雄はアンフランジ雄に対して寛容であり、まれに同じ木で一緒に果実を食べることもある（Utami *et al.* 2002）。私たちもダナム・バレイで、二〜三頭のアンフランジ雄が連れだって行動しているのを観察したことがあるが、ほとんど場合、ケンカも親和的な行動（毛づくろいや遊び）も起きなかった。同じ木で一緒に同じ果実を食べ、だれかが移動すると、残りの雄がその後をついていく、ということが数時間〜二日間ほど続く。アンフランジ雄だけの場合もあるが、子連れの雌やワカモノを含む、大きなグループになっていることもある。だが、こうしたグループにフランジ雄が加わっているのは見たことがない。

ところで、フランジ雄はなぜそんな激しいケンカをしているのだろう。前述のグヌン・パルンの例では、妊娠可能な（発情している）雌との交尾をめぐって、雄どうしが争っていた可能性が指摘されている（ノット 1998）。また、ボルネオ島のタンジュン・プティン国立公園内のキャンプ・リーキー付近の半野生個体（孤児となって人間に育てられた後、森林に放された個体とその子孫）を対象に行われた研究では、一一年間優位だったフランジ雄（クサイ）が優位だった間は、ほぼすべてのコドモの父親になっていた。劣位のフランジ雄やアンフランジ雄がコドモを残せたのは、クサイが優位な地位を確立する前と、その地位から転落した後だけだった（Banes *et al.* 2015）。またセピロクの半野生個体を対象に行われた研究でも、経産雌の生んだ子の父親はフランジ雄で、若い雌が出産した最初の子だけが、アンフランジ雄の子だったことが報告されている（Tajima *et al.* 2018）。つまり雄にとってももっとも確実に多くのコドモを残す方法は、フランジ雄になるだけでなく、その地域で「一番強いフランジ雄（最優位のフランジ雄）」として長期間、地位を維持することが必要なのだ。だからこそ、フランジ雄たちは（勝負の舞台にさえ上がっていない）アンフランジ雄には目もくれず、フランジ雄どうしだけで最優位の地位をめぐって争っているのだろう。

ダナム・バレイでは優位なフランジ雄が入れ替わった例を一例、共同研究者の山崎彩夏さん（当時、東京農工大学）が観察している。一五年以上優位だったと推定されているフランジ雄（キング）が、二〇一〇年に新しく現れた雄（ウナ）の挑戦を受け、最終的に消失した。二〇一〇年六〜八月は一九九六年以来の大規模な一斉結実が起き、このころに定住雌五頭中四頭が妊娠した（このとき妊娠したコドモの父親はまだわかっていない）、という特別な年だった。キングは私たちが調査を始めた二〇〇四年以前から、調査地内を流れるダナム川の右岸（ビュウ・ポイントエリア）を遊動域にしていたフランジ雄だった。糞から抽出したＤＮＡ分析の結果、シーナという二〇〇四年時点で推定九歳の若雌の父親であることが判明した（シーナの母親は見つかっていないが、調査地に隣接する地域にいると考えている）。少なくともシーナが生まれる前からキングはこの地域で暮らしていた可能性が高い（当時も最優位の雄だったかどうかは不明）。二〇一〇年七月からキングの遊動域内で新しいフランジ雄ウナが観察されるようになる（キングがケガをし、聞き慣れないロングコールが聞こえていたので、おそらく二〇〇九年終わりごろからウナはキングと争っていたらしい）。二〇一〇年三月にキングを追跡したときには、下顎全体が、ただれてまだらのクリーム色になっていて、ウナと争ってできた傷の可能性が高いと考えた。このとき、キングはほぼ地上におり、森のなかでじっと座り込み、活動性が明らかに落ちていた。さらに、背骨、肋骨が、くっきり浮き上がり、フランジも小さくなっていた

図 4-5　優位だったときのキング（上）と劣位になったときのキング（下）。

(図4-5)。そして、この前後からキングの特徴的なロングコールがほとんど聞かれなくなった。二〇一〇年八月、キングはダナム川の右岸と左岸を行き来し、右岸に行くとフランジ雄ウナから逃げ、左岸に行くとフランジ雄アブから逃げる、といった状態で右往左往しているようだった。このころは人間が多いロッジ付近にキングは長時間滞在していた。新しい雄ウナもアブも、人間を避けていてロッジに近づくことがほとんどなかったので、彼らから身を守るために、キングは人間(ロッジ)を利用していたようだ。弱った姿をさらしていたキングは二〇一〇年一〇月を最後に消失した。

ボルネオ島西部のグヌン・パルンでオランウータンの長期調査を続けているシェリル・ノット博士は、「ポスト・フランジ雄」という概念を提案している(Knott 2009)。それまで優位だったフランジ雄が年をとって体力が落ち、ほかの雄に負けると、フランジを小さくして(完全にアンフランジに戻るわけではない)、劣位雄として生き延びるのではないか、という仮説である。ポスト・フランジ雄が新しい土地に移動した後、再び優位雄として復権することがあるのか、またポスト・フランジ雄が雌と交尾できるのか(コドモを残しているのか)、もわかっていない。一度フランジ雄になる(二次性徴を発達させる)と、二度と完全なアンフランジ雄に戻ることはできない、と考えられている。フランジ雄になる過程で分泌される雄性ホルモン(テストステロン)の量が多いため、こうした大量のテストステロンを一生の間に何度も浴びることは、健康上のリスクが大きく、不可能だとされているのである(Maggioncalda *et al.* 2002)。雄どうしの優劣関係は相対的なものなので、新しい土地に移動すれば、復権できるチャンスはあるのかもしれない。前述の多摩動物公園のフランジ雄キューは、年下のボルネオがフランジ雄に変わった後、ロングコールをほとんど発しなくなってしまった（フランジも心なしか小さくなり、元気がなくなった）。その後、雌と交尾させると、元気を取り戻し、ロングコールも発するようになった。フランジ雄の自信の源は力比べだけでなく、雌との関係も大きいのかもしれない。

オランウータンのオトナ雄には、大きく分けて二つの生き方があるようだ。フランジ雄となってほかのフランジ雄と命がけの「ガチンコ」勝負を繰り広げながら、その土地の「最優位なフランジ雄」になり、雌たちに選ばれてコドモを残す。あるいはアンフランジ雄のまま、雄どうしの争いを避け、雌と親しい関係を築いたり、ときには強引に力ずくで交尾することでコドモを残せるのかもしれない（今のところ、アンフランジ雄の強制交尾によってコドモができたという確実な例は知られていない）。そしてこの二つの道のどちらを選ぶか、オトナ雄は一生のうち一回だけ、選択することができる。おそらく、野生下において二〇代前半より若いうちにフランジ雄に変わる個体はほとんどいないだろう。体を大きくし、経験を積み、満を持してフランジ雄へと変身を遂げるか、場合によってはアンフランジ雄のまま一生を終えることもあるのかもしれない。「人生最大の決断をいつどのようにするのか」、オランウータンの雄の一生（ライフヒストリー）はドラマチックであり、多くの謎が残されている。

3　モテ期は「中年」

先にフランジ雄はロングコールを発して、存在をアピールし、（妊娠可能な）雌がやってくるのを待つ、「座して待つ戦略」で行動している、と紹介した。雌から見たフランジ雄は、つねに魅力的な（子の父親として相応しい）存在なのか。また雄にとっては、どの雌も等しく性的に魅力的な存在なのだろうか。チンパンジーでは、雌は発情期（排卵日を含む約二週間）に性皮を大きく腫らし、複数の雄と活発に交尾する一方、雄にとっては性皮が腫れていない雌は性的魅力のない存在になる（古市 2013）。ゴリラでは、若い雌では排卵期（受胎可能な排卵前後の三日間）に性皮がわずかに腫れることもあるが、外見からはっきりわかる発情の徴候はほとんどない（山極 2015）。ゴリラの雌は排卵期に群れの雄と数回交尾して、妊娠に至り、排卵期以外の時期には交尾がほとんど行われない。オランウータンはゴリラ以上に外見から排卵期を知ることはむずかしく、雄は（雌が受胎可能かどうかにかかわらず）いつでも雌と交尾しようとする。雌は排卵期には性的に活発になり、雄に近づき、ときにはペニスを触るなどして積極的に交尾に誘うことがある（Utami-Atmoko *et al.* 2009）。オランウータンの雄にとって、雌はいつでも同じように性的に魅力的な存在のようだが、フランジ雄は出産経験のない若雌（未経産雌）と交尾することはほとんどない。若雌はフランジ雄に近づき、交尾に誘うような行動をとっても、雄が相手にすることはほとんどない。フランジ雄の交尾相手は、もっぱら出産経験のあるオトナ雌（経産雌）である（Utami-Atmoko *et al.* 2009）。私もダナム・バレイで、若雌とフランジ雄が同じ木で果実を採食しているのを何度か観察したが、身体接触をともなう社会交渉はほとんど見たことがない。セピロクの半野生個体を対象にした研究でも、フランジ雄は経産雌とのみ交尾し、未経産の雌とは交尾しないだけでなく、近づくことすらほとんどない（Tajima *et al.* 2018）。

図 4-6　妊娠した雌の陰部腫脹。

また、一歳未満のアカンボウを連れた雌や、妊娠中の雌にも、雄はあまり関心を示さない。オランウータンは外見から排卵はわからないが、妊娠は簡単に知ることができる。妊娠して三週間ほどすると雌の大陰唇が腫脹し始め（図4-6）、妊娠後期まで腫脹はどんどん大きくなる（Sodaro 1988）。オランウータンの雄は、通常、雌と交尾する前（性器を挿入する前）に、「性器検分」と呼ばれる行動を行い、陰部に顔を寄せてにおいをかいだり、舐めたり、膣に指を入れたりする。このときに大陰唇の腫脹があると、雄は性器検分するだけで交尾に至らない。妊娠をアピールして妊娠中の交尾を防ぐことは、雌自身と胎児の安全だけでなく、雄も（むだな）交尾を行わなくてすみ、両性にとってメリットのある特徴として、進化してきたのだろう（田島 準備中）。アンフランジ雄も基本的には未経産雌より経産雌を好むようだが、経産雌が発情期になると、優位なフランジ雄が雌をガードして、ほかの雄は交尾するのがむずかしい（Knott 2009）。一方で、雄間の順位が混乱していて、優位なフランジ雄がはっきりしないとき、雌がアンフランジ雄と親和的に交尾し、コドモを残しているので（Utami *et al.* 2002, Banes *et al.* 2015）、雌はフランジ雄ならどの個体でも受け入れ、アンフランジ雄はつねに拒絶する、という単純な選択をしているわけではないようだ。

未経産雌より経産雌が好まれるのは、チンパンジーやゴリラとも共通する特徴である。育児の経験がない未経産の若い雌よりも、自分の子を確実に育ててくれる可能性が高い、経産雌と好んで交尾した雄が、より多くの子孫を残すことに成功したので、この好みが類人猿の間で根づいているのだろう（古市 2013）。オランウータンは全般にチンパンジーに比べて乳児死亡率が低い（くわしくは第5章）が、ダナム・バレイでは未経産雌（リナ）の第一子が出産直後に消失した例が観察されている。一方で二頭の雌は第一子を無事に育てている。ほかの調査地からも第一子の死亡率がとくに高いという報告は今のところないので、オランウータンでは、チンパンジーに比べて第一子の死亡率は低いのかもしれないが、それでも経産雌よりは若干高いのかもしれない。

オランウータンの交尾で他に類を見ないのは、雄が力ずくで雌をおさえつけて交尾する「強制交尾」であり、「強姦（レイプ）」と呼ぶ研究者もいる。オランウータンの交尾は基本的に樹上で行われるので（図4-7）、雌は雄につかまらないように逃げるが、力およばずつかまってしまうと、雄と雌

図 4-7　樹上での交尾（撮影：田島知之）。

の体格差が大きいために、雌が逃げ出すのはむずかしい。たとえばスマトラ島での観察では、単独でいる雌にアンフランジ雄が交尾を試みた場合、雌が逃げることができたのはわずか五パーセントである（Fox 2002）。さらに雌が抵抗した場合、抵抗しなかった場合に比べて交尾の持続時間が長くなり、結果的に雌は採食などほかの行動に振り向ける時間を犠牲にしている、という指摘まである（Fox 1998）。実際、私も調査中に、アンフランジ雄（ジャック）が子連れの雌（リンダ）にしつこくつきまとっていたときに、リンダが三〇分以上、手近な枝を揺すりながら「ゴッホ、ゴッホ、ウォー」という、うなり声をあげ続けるのを目撃したことがある。彼女がうなり声をあげている間、ジャックは彼女から五メートルほど離れた枝の上でじっと座っていただけだった。これは明らかに彼女のその日の採食時間（あるいは休息時間）を減らしていた。しかも彼女のこの抗議行動はまったく効を奏さず、その後も少なくとも数日間、断続的な観察にもとづけば数カ月間もジャックはリンダをストーキングしていた。

オランウータンの強制交尾は、ヒトのレイプとは異なり、雌が大ケガを負った例は、今までほとんど報告がない。また、雄は子連れの雌に対して強制交尾することが多いが、コドモは母親と雄の間に入って抵抗し、母親を守ろうとする。このとき、雄はコドモを排除しようとするが、コドモが深刻なケガを負ったり死亡した例は、野生ではほとんど報告されていない（リハビリテーションセンターでは、コドモがケガをして保護された例がある）。最近、雌と雄が一緒に雌を攻撃して、最終的に攻撃された雌が死亡した事例が報告されている（Marzec *et al.* 2016）。このときは別なフランジ雄が攻撃された雌を守ろうとしたが、最終的に雌は攻撃を避けきれず、そのとき負ったケガがもとで雌は死亡した。

また、強制交尾は、スマトラ島ではアンフランジ雄しか行わず、フランジ雄が強制交尾をすることはない。一方、ボルネオ島ではアンフランジ雄だけでなく、フランジ雄も強制交尾をする（Utami-Atmoko *et al.* 2009）。ボルネオ島はスマトラ島に比べて生息密度が低く、フランジ雄の割合が高いため、雌たちは優位ではないフランジ雄との交尾には抵抗するのかもしれない。また、スマトラ島は生息密度が高く、雌どうしも連れだって行動することが多いため、フランジ雄が雌をガードしやすく、雌が単独行動を避けることで、雄によるレイプを防いでいる可能性も指摘されている（Fox 2002）。

ところで、「モテない」若雌は、だれと交尾するのだろう。彼女たちの交尾相手はおもに若雄である。母親から独立した七歳前後から完全に性成熟する一五歳ごろまでの間、若雌はよく若雄たちと行動をともにする（Galdikas 1995）。一頭の若雌と一〜二頭の若雄という組み合わせがよく見られ、ま

図 4-8　左からトーチ（若雄）、ベス（母）とカイ（アカンボウ）、リナ（若雌）。

た交尾も見られる。ただし、交尾は親和的な場合もあれば、強制交尾の場合もある。ダナム・バレイでは妊娠前に若雌のリナがよく若雄のトーチやオニと一緒に行動していたが（図4-8）、昼間につくったネスト（デイ・ベッド）のなかでトーチやオニと交尾しているようだった。ときには、リナが抵抗してネストから逃げ出してくることもあったが、その後再び、リナが雄たちの後をついて移動していくので、彼女がなにをしたいのか、見ているこちらはよくわからないこともあった。オランウータンには、チンパンジーやゴリラ同様、「青年期の不妊」という現象が見られ、七～一四歳ごろの雌は、交尾してもなかなか妊娠せず、一五歳前後でようやく妊娠・出産する。出産すると行動が一変し、オトナ雌としてアカンボウ連れで単独行動するのが基本となり、ワカモノとつるむことはなくなる。チンパンジーやゴリラでは、若雌のころに生まれた群れを出て、ほかの群れに入るが、群れにとどまって出産した場合は、同じように出産にともなって行動が変化する（中村 2015）。一方、オランウータンの若雌は母親の遊動域に隣接するような場所に、自分の遊動域をつくりあげていくので、同じ場所で同じ雌を、妊娠する数年前から出産後まで追跡することができる。このため、出産を機に社会行動が劇的に変化するのを観察できるのである。

総じて、オランウータンの雄雌の好みは、チンパンジーとよく似ている。チンパンジーでは、強力なアルファ雄（優位なフランジ雄）は雌たちに好まれ、繁殖成功を独占できるが（中村 2015）、雄間の優劣関係が不明瞭になると、雌たちの選択は必ずしも一致しなくなる。オランウータンでは、若雌はフランジ雄から相手にされないため、若雄やアンフランジ雄が交尾の相手になるが、若雄たちも若雌よりも経産雌を好む。オランウータンの社会では雌雄ともに「モテ期は中年」で、非モテ期のワカモノたちは、モテないどうしでつるんでいる、といえるかもしれない。

4　オランウータンの「歴史」と「文化」

現在、オランウータンはボルネオ島とスマトラ島にのみ生息しており、ボルネオオランウータン

(*Pongo pygmaeus*)とスマトラオランウータン(*Pongo abelii*)の二種に分類されていた。二〇一七年からはさらにタパヌリオランウータン(*Pongo tapanuliensis*)が加わった。飼育下ではスマトラ種とボルネオ種は交雑可能で、雑種にも繁殖能力が認められることから、二〇世紀半ばには別種ではなく「亜種(*P. pygmaeus pygmaeus* と *P. pygmaeus abelii*)」とされていた時期もあった。だが、最近の精度の高い集団遺伝学の研究から、別種とするのが相当とされている(Nater *et al.* 2015)。また、雑種個体は寿命が短く、育児放棄率も高いという報告もあり(Cocks 2007)、一九八〇年代以降、日本を含む先進国の動物園では、種間雑種をつくらない繁殖管理が行われている。ボルネオオランウータンでは、第二番常染色体(DNAが折りたたまれてしまわれている場所)に「逆位(染色体の一部が切断され、一八〇度まわって同じ位置に落ち着いた状態)」と呼ばれる突然変異が起きているので(Kanthaswamy *et al.* 2006)、血液検査をすると両種を簡単に区別することができる。DNAを調べた研究はたくさん行われているが、スマトラオランウータンとボルネオオランウータンが分かれた(分岐した)時期については、核DNAの分析結果から四〇万年前ごろと推定されていた(Locke *et al.* 2011)。タパヌリ種の発見と分析により、三三八万年前ごろにスマトラオランウータンがタパヌリから分岐し、六七万年前にタパヌリからボルネオオランウータンが誕生した、と推定されている(Nater *et al.* 2017)。氷河期に海水面が低下し、ボルネオ島とスマトラ島が陸続きになったときに、散発的に雄が長距離移動することで(プロローグの図0-1参照)、遺伝的な交流が起きていた可能性が指摘されている(Nater *et al.* 2015)。

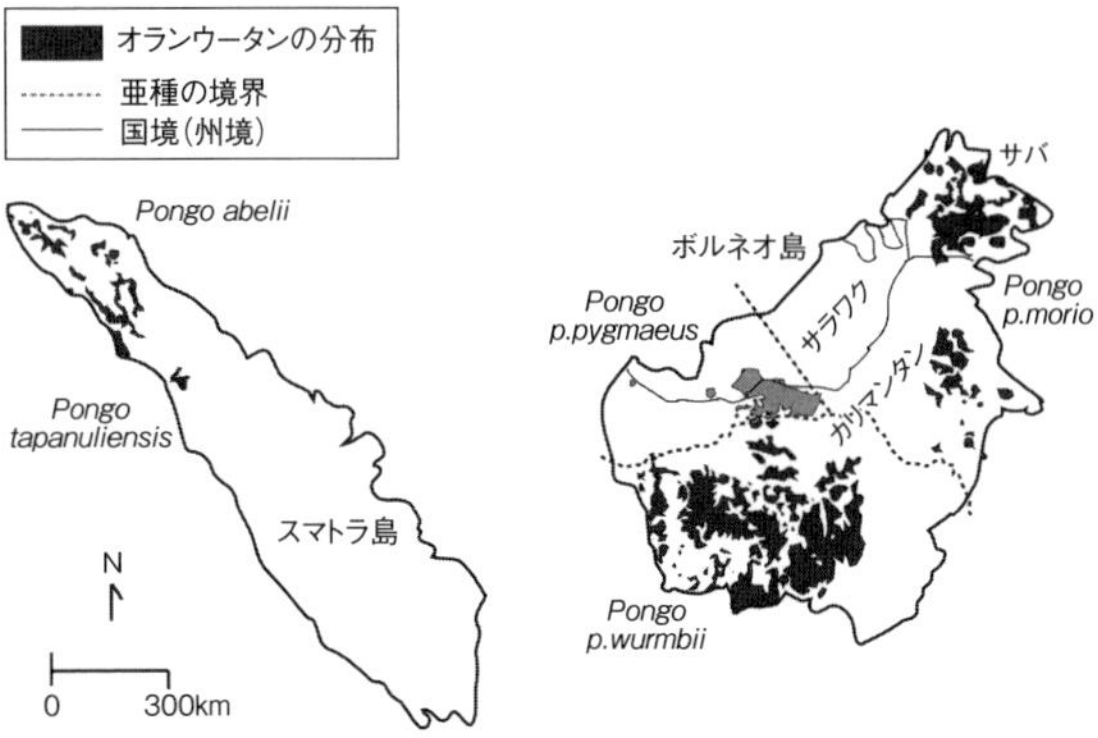

図 4-9　種・亜種の分布地図（Wich *et al.* 2008, 2016 をもとに作成）。

一九九〇年代にボルネオ島内の個体群の遺伝学的なちがいや形態学的な特徴の研究が進み、島内の個体群はさらに三亜種――*P. p. pygmaeus* サラワクおよび西カリマンタン、*P. p. wurmbii* 西カリマンタンおよび中央カリマンタン、*P. p. morio* 東カリマンタンおよびサバ州――に分類されるようになった（図4-9）（Groves 2001）。これらの亜種の分布域は、オランウータンの移動を妨げてきたと考えられている大きな河川（カプス川、バリト川、マハカム川）によって区切られている。二〇一六年には、ボルネオ亜種の模式標本（種の基準となる標本）を精査した結果、四亜種に分類すべきである、という論文も発表されたが（Brandon-Jones *et al.* 2016）、まだ定着していない。

　スマトラ島では、一九九八年に、スマトラ島の世界最大のカルデラ湖トバ湖（トバ火山）南側で、新たな個体群が発見された。トバ湖は、八四万年前、五〇万年前、七四〇〇〇年前の計三回、大噴火を起こしていて、とくに七四〇〇〇年前の噴火は、地球規模の寒冷化をもたらすほどの超巨大噴火だった。詳細な遺伝学研究により、このトバ湖南側の個体群は、トバ湖北側の個体群と長期にわたり遺伝的交流が妨げられてきたため、現存する北側の個体群と遺伝的にかなり異なっていることが報告されていた（Nater *et al.* 2015）。二〇一三年に、トバ湖南側で、地元住民との軋轢がもとで殺された雄のオランウータン（おそらく農地などに出てきたところを殺された）の遺体を研究チームが入手した。この頭骨を対象に形態学的な分析も行った結果、ほかの二種に比べて有意に頭骨が小さい、といった特徴が明らかになり、二〇一七年にはついに、頭骨を入手した地名（タパヌリ Tapanuli）にちなんで「タパヌリオランウータン」として新種記載された。生態調査の結果、毛虫や松かさを食べる、といった独自の採食行動や、フランジ雄が発するロングコールの音声がスマトラ種より高音で、ボルネオ種より長い、といった音響学的なちがいも報告されている（Nater *et al.* 2017）。

現在、ボルネオ・スマトラ両島で、地域個体群の保全に最大限の配慮をすべきである、という方向性は強まっている。リハビリテーションセンターで保護された個体のDNAを調べ、亜種を同定したうえでもとの生息地に戻そうという試みはすでに始まっており（Banes *et al.* 2015）、欧米の動物園では、飼育下の個体に関しても、少なくともボルネオ亜種の同定をして交雑の影響を評価しよう（亜種間雑種の寿命や健康状態を純血種と比較しよう）、という動きが起きている（Banes 私信）。遺伝学の研究は、オランウータンが、地球規模での環境変動による影響も受けながら、分布の拡大と縮小を繰り広げてきたことを明らかにする一方で、現在の保全活動にも大きな影響を与えつつある。このような集団遺伝学の手法を用いて、過去の分布を復元する試みは、チンパンジー（Wegmann and Excoffier

2010）やゴリラ（Thalmann *et al.* 2011）でも行われている。

遺伝的なちがいが大きいオランウータン三種だが、形態（外見）のちがいはそれほど大きくはない。どちらかといえば、ボルネオ種は体毛が濃い茶色の直毛、スマトラ種は明るいオレンジ色の直毛で、タパヌリ種の体毛は濃いシナモン色の縮れ毛が特徴である（口絵参照）。また、ボルネオ種はがっちりした体型をしていて、スマトラ種はほっそりした体型をしている、といわれている。とくに両種のちがいが顕著なのはオトナ雄（フランジ雄）で、ボルネオ種では幅広の顔で顎ヒゲが短く、スマトラ種では楕円の顔で顎ヒゲが長い、とされている（図4-10）。両種とも種内での個体差や年齢によるちがいも大きいため（くわしくは第2章参照）、外見のみで三種を判別するのは非常にむずかしい。骨格や歯の形態にも三種間でちがいが見られ、ボルネオ種はスマトラ種に比べて、がっちりした顎をしていて、これはボルネオ種がより固い食物（樹皮など）をより多く採食しているからだろう、といわれている（Taylor 2009）。タパヌリ種はさらに両種よりもがっちりした顎をしている（Nater *et al.* 2017）。歯の形態（大臼歯や咬頭のかたち）も種間および亜種間で異なっている、という報告もある（Uchida 1998）。*P. p. morio* の雌は、ほかのボルネオ亜種やスマトラ種に比べても有意に脳容量が小さい、という報告もある（第3章参照）。

むしろボルネオ種とスマトラ種のちがいが際だつのは、外見や形態よりも野生下での行動、とくに社会行動のちがいだ（タパヌリ種については、社会行動の特徴について、まだほとんど報告がない）。スマトラ種はボルネオ種に比べて他個体と連れだって行動することが多く、平均グループサイズは、

図 4-10　スマトラ種（上）とボルネオ種（下）の比較（フランジ雄）（スマトラ種の写真提供：名古屋市立東山動植物園）。

図 4-11　ランプータン（属名 *Nephelium*）の果実。

スマトラ種一・五〜二・〇頭に対してボルネオ種一・〇〜一・三頭という報告もある（Mitra Setia *et al.* 2010）。グループサイズを計算するときは、独り立ちする前の子は含まないので、ボルネオ島では基本的にはオトナが単独（グループサイズ一頭）で行動し、スマトラ島ではオトナが二頭で行動することが多い、といえる。スマトラでは、子連れの雌が二頭（母子二組）で行動することが多く、次いで雌雄が行動をともにすることが多い（Mitra Setia *et al.* 2010）。

このような社会性のちがいを生みだしている要因は、遺伝的なちがいというよりも、スマトラ島とボルネオ島の果実生産量のちがいだとされている。スマトラ島はボルネオ島に比べて、果実生産量が高く、安定していて、一斉開花・結実の影響が相対的に小さいとされている（金森 2013）。たとえば、オランウータンが好んで食べるランプータン（属名*Nephelium*）（図4-11）は、ボルネオ島での分布密度は一ヘクタールあたり二〜三本だが、スマトラ島では四〇本を超える。またオランウータンの食物となる樹種が結実する期間は、ボルネオ島では年間平均一カ月間だが、スマトラ島では二〜七カ月間にもなる（Marshall *et al.* 2010）。

採食行動も島間でちがいが見られる。スマトラ種の食物は年間を通じて果実が八〇パーセント以上を占め、樹皮を食べることはほとんどない。採食時間に占める樹皮の割合は、ボルネオ島では一〇〜一六パーセントだが、スマトラ島では五パーセント以下だ（金森 2013）。スマトラ島では、年間を通じて昆虫（樹上性のアリやシロアリ）やハチミツを食べることが多く（採食時間の一〇〜一六パーセント、ボルネオ島では四パーセント以下）（Delgado and van Schaik 2000）、道具使用も観察されている（後述）。オランウータンが食物とする昆虫の生息密度が、ボルネオ島よりスマトラ島のほうが高い可能性もあるが、文化的行動として、昆虫食が世代から世代へ受け継がれているのかもしれない（Fox *et al.* 2004）。また、スマトラ島ではオランウータンがスローロリスをつかまえて食べているが（Hardus *et al.* 2012）、ボルネオ島ではオランウータンが脊椎動物を捕食したという報告は今のところない。

このようにボルネオ種とスマトラ種では、野生下では採食行動や社会行動が大きく異なるが、飼育下では、どちらも集団（グループ）で生活することができる（Tajima and Kurotori 2010）。とくに欧米の動物園では、社会的刺激を与えるエンリッチメント（動物福祉の観点から飼育環境を豊かにするための試み）の一環として、両種ともにオトナの雌雄を含めたグループで飼育することが推奨されている。一方、動物園でストレスの指標となるホルモン（コルチゾール）を測定した結果、ボルネオ種はスマトラ種に比べて、集団生活でストレスを感じやすい、と指摘する研究もある（Weingrill *et al.* 2011）。グループで生活することがストレスになるかどうかは、それぞれの個体の性格や、生育歴、飼育環境も影響するので、集団生活させるか否かを一律に種別に決めることはできない。単独性が強いオランウータンは、群れで生活するほかの種のような、挨拶行動や劣位を明示する行動など、集団生活に適応した行動パターンが非常に乏しい。さらに表情や行動から感情を読み取ることは、ベテランの飼育員でもむずかしいことが多いので、オランウータンの飼育環境をよりよいものにしていくためには、行動観察と併用して、ストレスの指標となるホルモンの測定などの手法を積極的に取り入れていくことは有用だろう。

スマトラ島とボルネオ島では、行動にちがいがあると述べてきたが、こうした地域個体群間の行動のちがいは「文化」だと主張している研究もある。チンパンジーの長期調査が行われている複数の調査地で記録された（および記録がない）行動を比較し、ヒトの文化のように、チンパンジーにも世代から世代へと伝えられている「文化」がある、ことが指摘されている（中村 2009）。たとえば、東アフリカのチンパンジーは、枝を加工して「釣り棒」をつくり、アリを釣って食べるが、西アフリカではアリがいるにもかかわらず、こうした行動が見られない。また西アフリカでは、チンパンジーが台となる石の上に固い実を置いて、ハンマーとなる石でたたいて割り、中身を食べるが、東アフリカには同じような固い実も石もあるのに、こうした行動は見られない（松沢 2006）。地理的に近い集団ほど似た行動が多く、遠くなるほど異なる行動が増えることや、同じ動植物がどの生息地にもあるのに、限られた集団でしか採食されていない、などの特徴が、ヒトの文化と同じだ、と主張された。チンパンジーだけでなく、カラスやイルカなど、複数の野生動物で、こうした「文化的行動」が報告されている（アッカーマン 2018）。

二〇〇三年には、「オランウータンにも文化がある」という報告がなされた（van Schaik *et al.* 2003a）。オランウータンの文化的行動として、スマトラ島で複数の道具使用の例が報告されている。代表的なものは、ネシア（*Nessia* 属）（別名モンキードリアン）という鋭い棘を持つ固い果皮で覆われた果実の隙間に小枝を突っ込み、なかから栄養豊富な種を取り出す行動だ（図4-12上）。この行動はスマトラ島のスワク・バリンビでしか見られない。チンパンジーのように、アリやシロアリなどの社会性昆虫やその生産物（ハチミツなど）をとるために、樹洞に枝を突っ込む行動も、スワク・バリンビでは観察されている（図4-12下）。オランウータンはチンパンジーやゴリラと同様、夜寝る前に樹上にネスト（ベッド）をつくるが、このネストのつくり方やつくった後の行動にも地域差が見られる。ネストをつくるときに一本一本の枝の切り口を口でよく噛んでからネストに置く、という行動は、ボルネオ島南部のトゥアナンとセバンガおよびスマトラ島のスワク・バリンビでしか観察されていない。さらにこのとき、ラズベリー・サウンド（raspberry sound）と呼ばれる「コン、コン」という、舌打ちのような独特の音声を出す。ラズベリー・サウンドは、トゥアナンとスワク・バリンビでしか観察

図 4-12　オランウータンの文化的行動（上：Anna Marzec and the Suaq Project 提供、下：Mudin and the Suaq Project 提供）。

図 4-13　キス鳴きを発する雌（ヤンティ）。

されていない。もっとも多様な行動が見られるのは、キス鳴き（kiss-squeak）という、警戒や不快感を表す音声にともなう行動だ（図4-13）。キス鳴きを発するときに口元に葉を添えて音声を強調し、最後に葉をばらまく（グヌン・パルン）、キス鳴きを発するときに葉で顔をぬぐってから葉を落とす（タンジュン・プティン）、口元に手（甲あるいは手のひら）をあてる（ダナム・バレイ以外のほぼすべての調査地）、「なにもしない」（ダナム・バレイ）などさまざまなバリエーションがある。

　ダナム・バレイでもほかの調査地では報告がない、文化的行動の可能性が高い行動が観察されている。私は、二〇一〇年一一月に、シーナというオトナ雌（当時推定一五歳）が大量の枝を運搬して枝についた果実を採食した後、その枝をネストの材料として使用した事例を観察した。シーナはブナ科のマテバシイ属の一種にネストをつくった後、二股に分かれた枝（大量の果実と葉がついていた）を五本以上、肩にかけてネストに戻り、枝についていたマテバシイの種子を採食した。その後、シーナは残りの枝をリネン（ネストの材料）として使った後、ネストのなかで就寝した。これらの行動は三〇メートルほど離れた斜面で観察し、写真とビデオを撮影した（https://www.jstage.jst.go.jp/article/psj/27/1/27_27.007/_article/supplement/-char/ja/で公開）。オランウータンが一～二本の枝を巣づくりや採食のために運搬する事例は、ほかの調査地でも観察されている。このように大量の枝をネストづくりと採食のために運搬するという行動は、ほかに報告がない。一方、調査地から約一一キロメートル離れたダナム・バレイ・フィールド・センター付近で、フランジ雄の同じような行動（大量の枝を肩にかけて運び、ネストの材料として使う）が二〇〇九年より以前に観察されている。そのため、これはシーナが新しく始めた行動というより、他個体から伝搬した行動で、ダナム・バレイの個体群に広まりつつある文化的行動の可能性がある（Kuze *et al.* 2011）。

スマトラ島のほうがボルネオ島より文化的行動が多く観察されていて、とくにスワク・バリンビで多くの道具使用の例が観察されている。なぜスワクでは、文化的行動が数多く見られるのか。スワクは五年以上調査が継続されているオランウータンの調査地のなかではもっとも生息密度が高く、二頭以上で連れだって行動することが多い。スワクは泥炭湿地林で、同じスマトラ島のケタンベ（低地混交フタバガキ林）に比べて、一年中安定して果実生産量が高く、一斉開花・結実の影響をほとんど受けない。食物環境が安定しているために、生息密度が高く、グループで行動することが多いので、道具使用などの文化的行動が個体間で伝搬しやすいのではないか、と指摘されている（van Schaik *et al.* 2010）。

リハビリテーションセンターでオランウータンの文化的行動を研究しているアン・ラッソンは、オランウータンが枝を銛のように使って魚をとったり、アブラヤシの木の先端部を杵のようについて、髄を取り出して食べる（西アフリカのチンパンジーも同じような採食行動を行う）、火をおこす、布に石けんをこすりつけて洗う、といった高度な道具使用例や、川を泳ぐといった、類人猿としては非常にめずらしい行動を報告している（Russon 2002）。さらにラッソンは、リハビリ個体のなかに、とくに活発に新しい行動を「発明」する「イノベーター（innovator）」が存在し、ほかの個体がイノベーターの行動を観察し、まねすることで新しい行動が集団内に広まる過程を報告している（Russon *et al.* 2010）。

オランウータンは野生下では、チンパンジーに比べると道具使用の観察例が少ないが、飼育下では、チンパンジーと比べて遜色がないくらい、非常に多様な道具を使用する。たとえば、多摩動物公園のオランウータンのジプシーは、雑巾を絞って展示場内をふいたり、Tシャツを自分で着たり、ハーモニカをふいていた（黒鳥 2008）。オランウータンは、高度な道具使用を行うことができ、チンパンジーと同等の高い能力を持っている。だが、チンパンジーに比べて、生息密度が低く、グループで行動する機会が限られているために、「イノベーター」が「発明」した新たな行動が、地域個体群内に広まり、定着するのがむずかしいのだろう（van Schaik and Pradhan 2003, van Shaik 2016）。

第5章 究極の孤育て
オランウータンの子育て

オランウータンの母子は平均7年間、365日24時間一緒に過ごす

1　究極の「孤育て」

オランウータンは現存する地球上の動物のなかで、究極の「少子社会」を築きあげた種だ。彼女たちほど一頭一頭のコドモを長期間にわたり手厚く世話して育てあげる動物は、ヒトを除いて存在しない（乳幼児に限っては、ヒトよりも手厚いと思うことすらある）。この章では私の専門であるオランウータンの雌の繁殖――妊娠・出産・育児――について、野生や動物園での観察例も交えて紹介する。

オランウータンは繁殖のスピードがとても遅く、野生での初産年齢は一五歳前後、出産間隔は七年と長く、陸生哺乳類のなかでは最長である。基本的に一回の出産で一頭しか出産せず、双子は非常にまれで、野生下でも確かな証拠がある報告は一例、飼育下でも二〇〇〇例中三例しか出産の報告がない（Goossens *et al.* 2011）。オランウータンと比べると、ゴリラやチンパンジーのほうが双子の報告例が多く、チンパンジーでは一八六五例中五二例の双子の報告がある（Ely *et al.* 2006）。両種とも、オランウータンに比べて野生での研究がさかんで、動物園での飼育頭数が多いので、単純には比較できないが、オランウータンではとくに双子が生まれにくいのかもしれない。

ゾウやキリンなど、大型哺乳類では出産間隔が四年になるものもいるが、これらの種では妊娠期間が長い（二二年前後）ゆえに出産間隔も長くなっている（Hofman 1983）。それに比べてオランウータンは、出産間隔は長いが、妊娠期間は平均二四五日（八カ月）（Kinoshita *et al.* 2017）でヒトより少し短い。出生体重は一五〇〇グラム前後で、ヒトの半分ほどだ。オランウータンのオトナ雌の体重が三五～四〇キログラム、オトナ雄は七〇～八〇キログラムと比較すると、新生児はかなり小さい。実際、動物園で出産した場合、飼育員でもその小ささに驚いて、正常児でも未熟児と勘ちがいされたこともある。そもそもヒト科のなかでは、ヒトの新生児だけが特別体重が重く、ゴリラでは二〇〇〇グラム、チンパンジーでも一八〇〇グラム程度である（竹下 2013）。

オランウータンの孤独な子育て――「孤育て」は、出産から始まる。霊長類は基本的に群れで生活しているので、出産も群れの仲間に囲まれた状態で行われるのが普通である。一方、単独性のオランウータンは、初産では基本的にひとり、経産では上の子が一緒にいることもあるが、オトナの他個体がまわりにいることは基本的にない。野生のオランウータンの出産の観察は二例だけ報告されており、陣痛に苦しむ様子や、経産雌に比べて初産雌のほうが陣痛の時間が長く、出産中や出産後の行動も異なっていたという報告もある（Galdikas 1982）。私は動物園での出産例を五例ほど、動画で見たことがあるが、苦しそうに動きまわった末に、座った（しゃがんだ）姿勢で産み落とすことがほとんどである。生まれてくる瞬間はヒトよりあっけないというか、ツルッと生まれているように見える。しかし、ヒトのような「回旋（胎児が頭の向きを変えながら産道から出てくること）」が見られ、膣から新生児の顔が出てきたときは腹のほうを向いているが、その後体がくるっとまわり、肩が出るときには顔は背中のほうを向いている。出産時の同様の回旋はチンパンジーでも報告されている（Hirata *et*

図 5-1　新生児を抱いたリナ。

al. 2011, 中道 2017)。

生まれたばかりのオランウータンの新生児は、母親にしがみつく力も弱く、生後一カ月くらいまでは、母親は腹に抱きついているアカンボウに手を添えていることが多い。しかし、動物園で出産した母親は、妊娠前に他個体の子育てを間近で見た経験がないと、アカンボウを肩や頭にのせてしまうことがある（久世 2013)。私がダナム・バレイで観察したリナという雌は、初産のとき、生まれて数日しかたっていない新生児を腹にのせて、手を添えずに移動したり、肩や頭の上にのせるなど、見ているこちらがハラハラするような扱いをしていた（図 5-1)。そして私たちの不安は的中し、一週間後に再びリナを観察したときには、アカンボウは姿を消していた。もちろん、アカンボウになんらかの先天性の障害があったり、出産直後に病気になっ

図 5-2　ケイトを抱くリナ。

た可能性もあるが、私はリナのアカンボウの扱いがへたなために、落として死なせてしまったかもしれないと考えている。第一子の出産から半年ほどたってからリナは再び妊娠し、第二子を出産した。ケイトと名づけられた雌のアカンボウは順調に成長している。リナは前回の経験からなにか学んだのか、今回は母子を初めて観察したときから危なげなくケイトを抱いている（図5-2）。

私たちはダナム・バレイでほかにも二頭の初産雌（シーナとルビー）の子育てを観察しているが、彼女たちは最初から危なげなくアカンボウを抱いていて、無事に育てている。リナと彼女たちの子育てのちがいが生じた原因は、出産（妊娠）前の彼女たちの行動のちがいにあるかもしれない。妊娠前、リナは同じ年ごろの若い雄たちと一緒に行動することが多く、子持ちの雌の後を追いかけたり、小さなコドモと遊んだりする姿がほとんど観察できなかった。一方、シーナやルビーは雄たちとも行動をともにしていたが、子持ち雌の後をついていくことが多く、コドモたちと遊んでいる姿がたびたび観察されていた。野生でも飼育下でも、妊娠前に子育てを間近で観察したり、アカンボウや小さいコドモとふれあう機会がないと、うまく子育てすることができないのだろう。飼育下のゴリラやチンパンジーでも、同様にアカンボウやコドモと接することの重要性が指摘されているが（松沢 2006）、単独性のオランウータンの場合、野生下でも場合によっては、飼育下のようにアカンボウと接した経験の少ないメスが母親になり、育児のスキルが不足することがあるのかもしれない。

野生の雌は出産すると、アカンボウを腹に抱いて、出産前と同じように樹上を移動し、食物を探して食べ、夕方になれば、ネストをつくってアカンボウを抱いて寝る。経産雌の場合は、上の子が一緒に行動することもあるが、ほかのオトナたちに出会うことはほとんどない。母親は雄による子殺しを警戒して、雄を避けるのではないか、ともいわれているが、チンパンジーやゴリラとは異なり、野生オランウータンでは子殺しの報告はほとんどない。動物園でも、出産前は同居していた雌雄が、出産後は雌が雄に対して神経質な態度をとる（雄を避けて行動する）ことが多いので、日本国内の動物園では雌雄を分離することが多い。しかし欧米の動物園では、動物福祉の観点から、飼育下のオランウータンには社会的な刺激が必要である、という考えが主流で、出産後も雄を含めた群れのなかで母子を展示するのが普通である（Sodaro 2007）。

ゴリラは群れのなかで出産し、出産直後から父親である雄がそばにいる。チンパンジーは出産のと

図 5-3　枝にぶら下がって遊ぶダナム（1 歳）。

きは母子単独（もしくは上の子が一緒）で、出産後しばらくは母子のみで過ごすことが多いが、数週間から数カ月で複数の雄がいるグループにも参加するようになる。チンパンジーの母親は、グループに加わらなくても、基本的に上の子とアカンボウの二頭を連れ歩く（西田 1994，中村 2009）。それに比べるとオランウータンの母親は一頭のアカンボウのみとともに過ごす時間が圧倒的に長く、文字どおり「孤育て」に徹している。

ほかの類人猿と同様にオランウータンでも、母親の腹に抱かれているアカンボウは好きなときに好きなだけ乳首をくわえて母乳を飲んでいて、母親が積極的に飲ませるようなことはない。生後六カ月までは一日中母親の体につかまっていて、母乳のみで育つが、六カ月ごろから母親の体から一〜二メートルほど離れて、木に登ったり枝にぶら下がったりするようになる（図 5-3）。このころから母親が食べている果実や葉、樹皮などを口に入れるようになるが、ある程度固形物を飲み込むようになるのは一歳前後だ（van Noordwijk *et al.* 2009）。母親が積極的に食物を与えることはなく、母親の手や口からアカンボウが食物をとるのを「許す」程度である。

一歳を過ぎると運動能力も発達し、二〜五メートルほど離れた場所でひとり遊びするようになる（Mendonça *et al.* 2017）。オランウータンのひとり遊びは、枝につかまって体を揺らす「運動遊び（体操）」と、折り取った枝などの物を振りまわす「物体遊び」の二種がほとんどである。まれに、観察している私たちに対して、葉のついた枝を振りまわしてみせたり、落としたりすることもある。樹上にいるコドモが揺らした木性ツルの下部を私たちが揺すり返す「遊び」が成立することもある。また、このころのコドモはよく、少し上の枝から下のネストに向かってわざと「落ちる」というひとり遊びもする。運動遊びも物体遊びも、自力で樹上を運動する能力を養う機能があるといわれている（Fagen 1993）。「落ちる」遊びにも、実際に落ちそうになったときのシミュレーションといった機能もあるのかもしれない（もちろん、遊んでいる本人はたんに楽しくてやっているのだろうが）。

二歳以降はひとり遊びの頻度が激減し、ほかの子と遊ぶことが増えてくる（Mendonça *et al.* 2017）。一番の遊び相手は、すぐ上の兄姉で、ときどき母親のもとに戻ってきては、妹弟とレスリングという樹上での取っ組み合いをして遊ぶ（図2-10参照）。ニホンザルやチンパンジー、ゴリラなど樹上を移動する霊長類では、「追いかけっこ」もよく見られる遊びだが（亀井 2009）、オランウータンでは追いかけっこはほとんど見られず、もっぱらレスリングをしている。たがいに手足で枝にぶら下がった状態で、組み合い、おたがいの体を甘噛みしたり、体毛や腕を引っぱったり、という遊びが数分から数十分続く。兄姉だけでなく、遊動域が重複しているが血縁関係のないほかの雌のコドモや、若い雌雄も遊び相手になる。とくに果実が豊富な時期には、複数のコドモとワカモノたちが三〇分以上にわたって、レスリングを繰り広げることがある。

野生のオランウータンの母親は、コドモの遊び相手をしてやることはほとんどないが、複数頭で飼育している動物園では、兄姉が弟妹と遊ぶだけでなく、コドモのいない雌や、場合によってはオトナ雄でさえ、コドモの遊び相手になってやることがある（Zucker and Thibaut 1995）。オランウータンのコドモやワカモノの「遊び」は、雄にとっては将来の雄どうしのケンカの訓練、雌にとっては子育ての練習という意味もあるのだろう。オランウータンの六〇年におよぶ長い一生のなかで、母以外の他個体と身体接触をともなう社会交渉を持てる機会は、（交尾を除けば）二歳から一〇代前半までの十数年間だけである。野生でも半野生でも動物園でも、この年代のコドモやワカモノたちを見ていると「遊び」への強い欲求を感じずにはいられない。そして母親たちは、コドモたちの欲求を十分理解して、なんとかその機会を保証しようとしているようにも見える（くわしくは第5章3節）。

オランウータンは三歳ごろには、ゴリラやチンパンジーと同様に、栄養的には母乳なしでも生きていける消化能力や咀嚼能力を獲得する（van Noordwijk *et al.* 2013）。だが、六〜九歳で母親から独り立ちするまでは、少なくとも日中に数回、コドモが乳首をくわえるのを観察できる。このときに実際に母乳が分泌されているかどうかはわからないが、少なくとも「心の栄養」といった意味はあるようだ。オトナ雄が母子の近くに現れて緊張した場面の後や、オオミズトカゲ（小さなコドモにとっては捕食

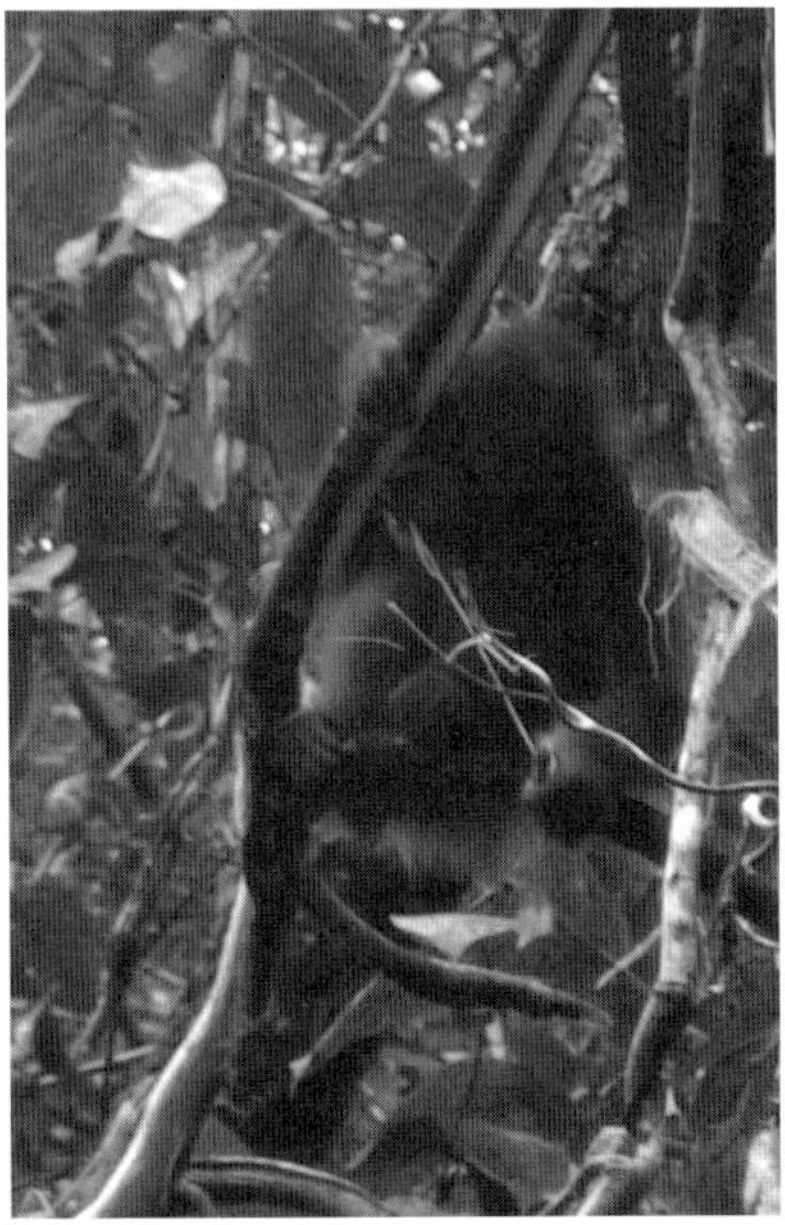

図5-4　マメ科木性ツルの樹皮を剝いで食べるカイ。

者になりうる）が母子の間に割り込んで、母親が追い払った後などに、三歳以上のコドモが母親の乳首をくわえるのが観察されている。

三歳を過ぎてもコドモが独力で食べるのはむずかしい食物がいくつかある。その一つがトゲと厚い果皮に覆われたドリアンの実だ（図3-6参照）。オトナなら厚い皮膚に覆われた両手でトゲだらけの果実をつかみ、力ずくでこじあけ、なかに入っている脂肪たっぷりで栄養満点の果肉と種子を取り出して食べることができる。一方、コドモは自分で果実を割ることができないので、さかんに母親にねだり、手や口から果肉を奪い取ろうとする。また、木の樹皮を剝いで内側の形成層をよく嚙んで食べるのは、コドモの小さな乳歯や弱い力ではむずかしい（図5-4）。ダナム・バレイでは、果実の少ない時期には樹皮も重要な栄養源だが、コドモは、母親が剝いだ樹皮の一部をつかみ取って食べることが多い。第3章で紹介したように、東南アジアの熱帯雨林の果実生産は変動が大きく、数年に一度の一斉結実のときにしか実をつけない果樹も多いた

図 5-5　ブリッジング（母親が橋になってコドモを渡らせる）。

め、三歳ではまだ森のなかのすべての食物を学ぶことができない。離乳可能な三歳を過ぎても母親と一緒に行動することで、広い森のなかで効率よく食べものを得ることができるのだろう。

樹上移動の面でも、三歳を過ぎると母親に抱きかかえられて移動することはほとんどなくなり、自分で枝をつかんで移動するようになる。しかし、枝と枝の間が広く、コドモが両手を伸ばしても届かないような場所を移動しようとする場合、母親が両手両足で枝をつかみ、体を「橋」にしてコドモを渡す「ブリッジング」がときどき見られる（図5-5）。このような母親の助けがなくても終日、自力で移動できるようになるのは五～六歳ごろである。このころになると、母親よりも体が小さく軽いことを活かして、母親とはちがうルートで同じ目的地に向かって移動することもある。また、母親よりも先行して移動したり、数時間母親と別行動して、何十メートルも離れた木で、母親と別な食物を食べるようにもなる。

六〜七歳になると、食物に関する知識や技能の面でも、運動能力の面でも、母親から独立して生活できるようになり、母親が妊娠して次の子を出産することが多い。コドモは母親から独立するまで、夜は母親につくってもらったネストで一緒に寝ているが、独立すると、ネストもひとりでつくって寝るようになる。

2 長い出産間隔と低い死亡率

前節で紹介したように、オランウータンのコドモの成長・発達をくわしく調べると、六歳ごろには、母親から独立して単独で生活できる身体・技能を獲得しているように見える。以前は、ボルネオオランウータンでは出産間隔は六〜七年だが、スマトラオランウータンでは九年にもなる、といわれていた（Knott *et al.* 2010）。食物である果実の生産量の変動が地域によって異なり、それが雌の栄養状態を変えることで、出産間隔のちがいを生じているのではないか、といわれていた。だが、最近の私たちの研究によって、ボルネオでもスマトラでもオランウータンの出産間隔は平均七・五年で、地域差がないことが明らかになった（van Noordwijk *et al.* 査読中）。一〇年以上調査を継続している七カ所の調査地において、出産時期が正確にわかっているデータのみを用いて出産間隔を算出すると、地域による統計的に有意な差は見られなかった。今まで報告されていた地域差は、サンプルサイズが小さかったことと、不確かな出産記録をもとに計算していたことで生じたのかもしれない。以前から、飼育下やリハビリテーションセンター出身で、給餌を受けている半野生個体群では、出産間隔は平均六年で、種や亜種によるちがいがないことが報告されていた(Anderson *et al.* 2008, Kuze *et al.* 2008, 2012, Wich *et al.* 2010)。野生個体は、給餌を受けている個体に比べて、栄養条件が厳しいために、出産間隔がより長くなっている可能性がある。

また私たちは出産間隔だけでなく、ほぼすべての調査地で死亡率が非常に低いことを発見した。雌が繁殖を開始する一五歳まで生存できる確率は九四パーセントで、哺乳類のなかではずば抜けて高い。さらにヒトと比較しても、狩猟採集民の生存率(五七パーセント)より高く、現代の先進国の女性(九九パーセント)だけが、オランウータンよりも生存率が高い。オランウータンは近代的な医療の恩恵を受けることなしに、数百万年前から現代人並みの少産少子化社会を達成していた可能性が高い(van Noordwijk *et al.* 査読中)。

オランウータンはなぜこれほど死亡率が低いのだろうか。群れをつくって生活しているチンパンジーやゴリラでは、感染症が蔓延することで群れの多くの個体が死亡した事例がいくつも報告されている(たとえばグドール 2017)。しかしオランウータンは単独性が強く、毛づくろいなど他個体と身体接触を持つ機会がほとんどないため、感染症が蔓延する危険が低い。実際、野生のオランウータンでは、複数の個体が同時期に同じ感染症にかかったという事例の報告はない。さらに地上に比べると樹上では、土壌中の病原性微生物と接触する機会が減るので、一般に樹上性の動物のほうが感染症のリスクが小さいといわれている（Nunn *et al.* 2003）。さらに、チンパンジーやゴリラは、ヒョウやライオンなどの中大型の肉食動物に襲われることがある（ソーテ・キヌマン 2007）。一方、大きな体でほとんどの時間、樹高一〇～三〇メートルの樹上で過ごすオランウータンが肉食動物に襲われる危険性は、他種に比べてかなり小さいだろう（コドモは中型ネコ科のウンピョウに襲われる可能性がある）（ソーテ・キヌマン 2007, 金森 2013）。群れをつくらず、大きな体で樹上生活をする、というオランウータンの独特の生態が、彼らの生存率を向上させ、少産少死社会を生みだした可能性が高い。ただし、私たちが調査を行っているダナム・バレイなどボルネオ北部に生息する亜種 *P. p. morio* は、ほかの種や亜種に比べて、乳児死亡率が若干高い可能性がある（van Noordwijk *et al.* 査読中）。おそらく、*P. p. morio* はほかの生息地と比べて、エルニーニョ現象の影響を強く受け、果実生産量の変動が激しいため（Kanamori *et al.* 2010, 2017）、栄養的に厳しい条件にあることが死亡率に影響しているのかもしれない。

私は現在、「雌はどうやって出産間隔をコントロールしているのか？（HOW）」という点により関心を持っている。オランウータンは妊娠中も育児中も交尾をするため、排卵自体が抑制されている可能性が高い。基本的に哺乳類では、授乳中に分泌されるプロラクチンというホルモンの働きで排卵が抑制される（浦島ほか 2017）。しかし、樹上性のオランウータンの授乳行動は観察がむずかしく、しかも観察だけでは、母乳がほんとうに分泌されているかどうかを確かめることができない。またチンパンジーでは、三歳を過ぎるとコドモが乳首をくわえる（乳首接触）観察頻度が急減することが報告されている（Matsumoto 2017）。オランウータンでは定量的な分析は行われていないが、完全に離乳する（乳首接触が見られなくなる）のは平均六・六歳（五・七〜七・五歳）というデータが、ボルネオ島のトゥアナンから報告されている（van Noordwijk *et al.* 2013）。また、歯に含まれる微量元素を調べて離乳年齢を推定した研究では、八歳の個体がまだ母乳を飲んでいた可能性がある、と報告している（Smith *et al.* 2017）。

私は二〇〇九年に出産して母乳育児を行ったことをきっかけに、ヒトの母乳育児に関する科学的知見を多く得て、オランウータンの授乳行動にもより興味を抱くようになった。ヒトでは、プロラクチンの分泌量は睡眠中に高くなるため、昼間よりも夜間に高い頻度で授乳したほうがプロラクチンの分泌量を高く保つことができる。このため、夜間の授乳が排卵抑制により効果がある。そこで現在、「オランウータンの雌は日中よりも、夜間の授乳行動をコントロールすることで、（排卵）出産間隔を調整できるのではないか」という仮説をたてて、共同研究者の蔦谷匠さん（現ＪＡＭＳＴＥＣ）とともに、動物園での昼夜の授乳行動の観察と、安定同位体比を用いた母乳摂取量の推定の研究に取り組んでいる。動物園でもオランウータンの雌の排卵が再開するには五〜六年かかるので、この研究の成果を発表できるのは数年後になるだろうが、ゆくゆくは野生でも同様の研究を行いたいと考えている。

3　母親の役割

今まで、オランウータンの母親がひとりで長期間にわたって、一頭のコドモを育てることに専念することを紹介してきた。この節では、ダナム・バレイでの観察事例を交えながら、「母親の役割」をもう少しくわしく紹介したい。オランウータンの母親は、コドモが一歳になるまでつねに腹に抱いて母乳を与え、その後もコドモの運動能力に応じて移動をサポートする（ブリッジングなど）。一方で、積極的に食べものを分け与えることはない。コドモは母親と一緒に行動することで、広い森のなかで、いつどこでなにが食べられるかを知ることができる。たとえば、ダナム・バレイでは多くのイチジクの木は実（ほんとうは「花」だが。第3章3節参照）だけでなく、葉や樹皮も食べるが、テルミナリア（シクンシ科 *Terminalia citrina*）は果実しか食べない。まれに昆虫（樹上性のシロアリ）やハチミツを食べることもあるが、このようなまれにしか食べられないが栄養価が高い貴重な食べものの探し方や食べ方も、母親と一緒に行動することで学ぶことができる。

こうした移動と食に関する日常的なサポートだけでなく、潜在的な危険を防ぐ、という意味でも母親の役割は大きい。母親がコドモを七歳まで連れ歩くことで捕食のリスクを下げられる可能性がある。実際、スマトラ島のオランウータンの保護施設で、七頭のコドモのオランウータンが一頭のウンピョウに殺された事例が報告されている（Rijksen 1978）。また、ダナム・バレイでは母親から独立した直

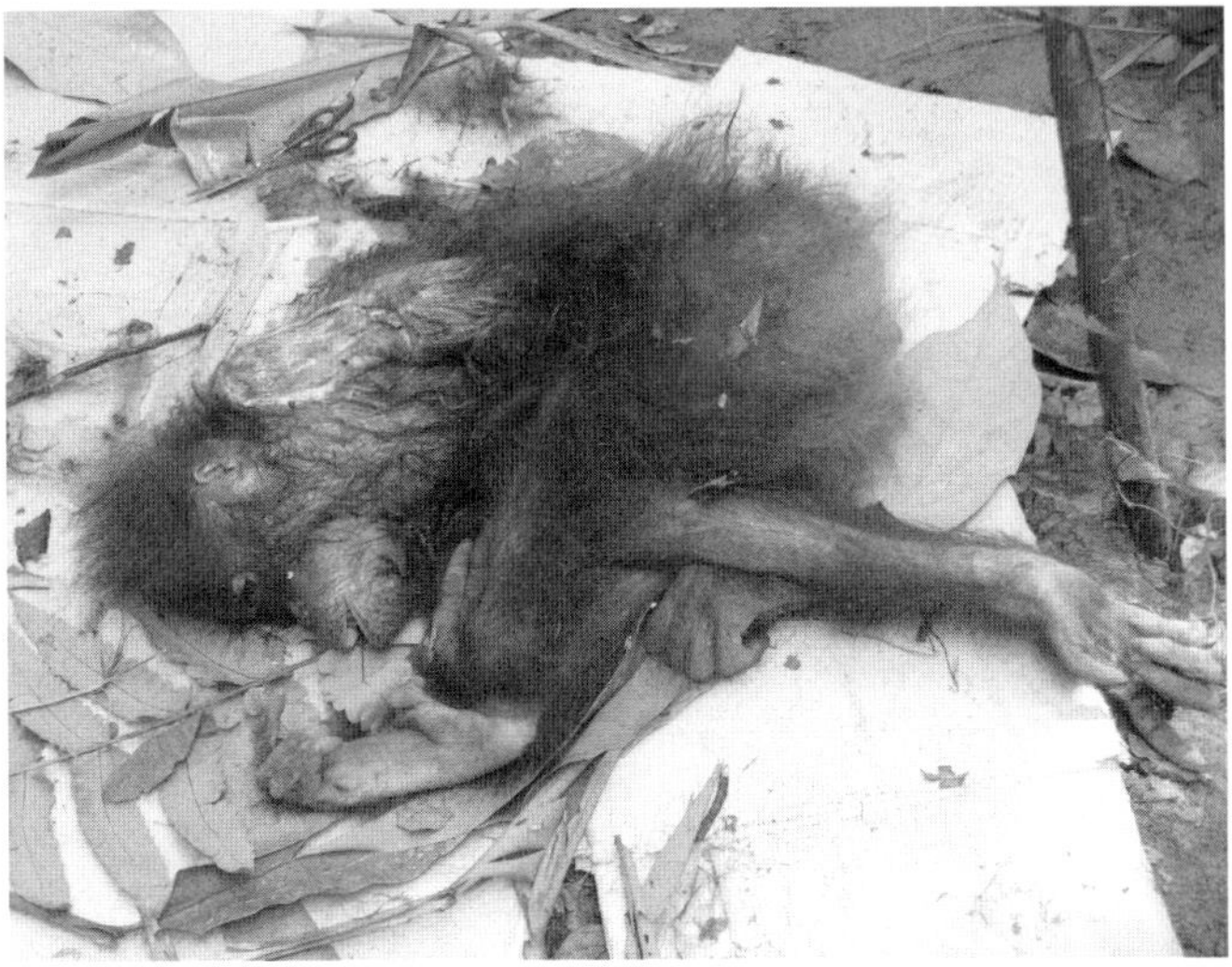

図 5-6　ウンピョウに襲われたと思われる大ケガを負ったジュン（提供：金森朝子）。

後の推定六歳の雌がウンピョウに襲われたと思われる大ケガがもとで衰弱し、最終的に日和見感染により死亡した例を金森朝子さんが報告している（図5-6）（金森 2013）。

潜在的なリスクとして、もう一つ考えられるのは、同種他個体（おもに雄）にコドモが殺される「子殺し」である。霊長類では広く見られる現象で、チンパンジーやゴリラでも報告されており、乳幼児の死亡要因としては無視できない頻度で起きている（山極 2012）。授乳中の雌は発情（排卵）が停止しているので、子を殺すことで発情（排卵）を再開させ、雄が自らの子孫を残すことを可能にする戦略として子殺しは進化してきた（杉山 1993）。オランウータンは雌が育児に専念する期間が長いので、理論的には子殺しが起きる可能性が高いのに、今のところ野生での子殺しの事例の報告はほとんどない。これはオランウータンは単独性であるため、もし子殺しを行っても、排卵を再開した雌と子殺しした雄が確実に交尾できる保証がないので、あえてリスクの高い行動をとらない、という説明がなされている（Fox 2002）。また、雌の排卵が外見からはわからず、子連れの雌とも雄は（力ずくで）交尾できるため、子殺しが起きないのかもしれない（久世 2009）。

子連れの雌がオトナ雄と出会うことは少ないが、ときどきアンフランジ雄が雌をストーキングして、強引に交尾を試みることがある。雄は基本的にコドモに対しては無関心だが、コドモは母親と雄のまわりで大騒ぎをして、交尾をじゃましようとすることが多い。私はダナム・バレイで、ワカオス（推定一〇歳）のカイが、二歳の雌の子（ケイト）を連れたリナと、強引に交尾しようと試みた様子を観察したことがある。リナはカイに抵抗して樹上を逃げまわり、最終的に逃げ切ることに成功したが、騒ぎが落ち着いた後で、キューキュー泣いておびえるケイトをしっかり抱きしめていたリナの姿が印象に残った。一方で、カイは推定三歳のころから私たちが観察していた雄で、木性ツルを一緒に揺らして遊んだこともある。かわいいコドモだったカイの雄らしい行動にびっくりするとともに、少しさびしい気分になった。

捕食や子殺し以外の潜在的なリスクとして、樹上生活するオランウータンならではの危険がある。それは移動に使っていた枝やツルが切れて、木の上で動けなくなってしまう事態だ。ダナム・バレイでは、母親から独立したばかりと思われる推定五歳のコドモの雌が、ドリアンの巨木に二カ月以上閉じ込められ、人間によって救出された事例を共同研究者リナータ・メンドウサさんが二〇一四年に観

図 5-7　オランウータンが下りられなくなったドリアンの巨木（提供：Renata Mendonça）。

察している（Mendonça *et al.* 2016）。この事例では、隣の木からドリアンの木に移動するのに使った木性ツルの枝が折れて落ちてしまったために、コドモがドリアンの木から脱出できなくなってしまったと考えられた（図 5-7）。救出されたコドモは栄養失調状態だったが、セピロクで治療を受け、二カ月後に発見されたドリアンの木のそばでリリースされ、森に帰っていった。おそらくもし母親と一緒にいたならば、母親がサポートすることで、なんらかの手段（太い幹を伝って下りるなど）で脱出できた可能性がある。このように、捕食のリスクだけなく、まれだが体が小さいゆえに起こりうる移動上のリスクも考慮すると、できるだけ大きくなるまで、母親と一緒に過ごすことは、コドモの生存をより確かなものにするだろう。

余談だが、このときドリアンの巨木に閉じ込められたコドモは二頭いたが（二頭とも雌）、より年上に見えた一頭は、メンドウサさんと調査助手たちがサバ州野生生物局レスキュー隊と一緒に設置したロープを伝って、脱出することができた。しかし、最後の一頭はロープにまったく関心を示さなかったため、最終的にレスキュー隊のスタッフが捕獲することになった。ロープを使って移動することができなかったのは、コドモが小さかったので、状況を理解できなかったのか、生まれて初めて見るロープという新規なものに対する反応が個体によってちがったのかは、わからない。

潜在的なリスクを防ぐだけでなく、もう一つ、オランウータンの母親には重要な役割がある。それは「コドモに他個体と遊ぶ機会を保証すること」である。オランウータンのコドモは、二歳を過ぎると他個体と一緒に遊ぶようになる。だが、基本的に母子が単独で生活しているため、群れで暮らすほかの霊長類と比べて、遊び相手を得る機会は非常に限られている。コドモが遊び相手とめぐり会うためには、母親が遊び相手になるようなコドモを持つ子連れの雌や、若い雌雄と出会う必要がある。

ダナム・バレイでは、一斉結実のとき、果実が豊富になると、二組の子連れ雌が数時間から数日、行動をともにし、子連れ雌とワカモノたちを中心に最大一〇頭が同じ果樹で採食することもある。このとき、オトナ雌は自分の子以外の個体とかかわることはほとんどないが、コドモたちはよく一緒にレスリングをして遊んでいる。私は二〇〇五年の一斉結実のときに、カイ（推定三歳）とジュン（推定五歳）のコドモ二頭と若雌シーナ（推定一〇歳）が、二時間ほど断続的にレスリングをして遊んでいるのを観察したことがある（図5-8）。一番小さな雄のカイが一番熱心で、ジュンとシーナが交代で彼と遊んでいた。遊び始めて三〇分ほどたつと、ジュンはほかの個体の後を追って移動してしまっ

図 5-8　一緒に遊ぶ３頭のコドモたち。

たが、その後もシーナとカイの遊びは二時間ほど続いた（この三頭には血縁関係がないことは、後にDNA分析の結果からも確かめている）。

印象的だったのは、コドモたちが遊んでいる間のカイの母親、ベスの行動だった。ベスは二〇メートルほど離れた近くの枝の上にじっと座ったまま、ひたすらカイが遊びあきて戻ってくるのを待っていた。ときどきシーナとカイが遊んでいるほうをちらっと見ては、またうずくまってじっとする、という行動を繰り返していた。ついに遊びあきたカイが母親のもとに戻ってくると、カイを抱いて移動していった。私も九歳と三歳の娘を育てているが、このときのベスの忍耐強さは、同じ母親として尊敬せずにはいられない。私はわが子の遊びを待ち切れなくなってイライラしたときに、脳裏にあのときのベスの姿を思い浮かべて気持ちを切り替えることもある（そんな余裕はないときもあるが）。

ベスとカイの母子には、もう一つ、印象に残っているエピソードがある。カイが四歳ごろ、ベスとカイはヤンティと一歳になる息子のトイと出会った。カイはベスから二〇メートル以上離れて、そろそろとトイに近づいていった。そしてカイがトイと遊びを始めようとしたそのとき、なんとそばにいたヤンティがカイに噛みついたのだ。カイは「キューキュー」と泣きながらベスのもとに帰っていった。それまでの観察から、ベスがヤンティより強い立場にあることがわかっていたので、自分より弱いヤンティに息子が攻撃されて、ベスが黙っているとは思えなかった。驚いたことに、ベスは戻ってきたカイを抱き寄せると、なにごともなかったようにその場を去っていった。次の年、私たちはヤンティのそばで、カイがトイと何時間も遊んでいるのを観察した。もちろんヤンティもカイを攻撃することはなく、ベスもカイが遊びにあきて戻ってくるまでじっと待っていた。一年前にヤンティが噛みついたのは、トイがまだカイと遊ぶには小さすぎたからだったようだ。でも二歳になったトイはもう木登りもうまくなり、カイと遊んでも危険は少ない。もしかしたらベスは、ヤンティの小さな息子を心配する気持ちが理解できたので（あるいはヤンティのカイに対する行動を予測していたので）、彼女を攻撃しなかったのかもしれない（カイにとっては、小さいアカンボウとは遊べないということを学ぶ、よい機会だった、ともいえる）。

ボルネオ島とスマトラ島でオランウータンの母子関係を研究しているファンウィディック博士は、果実生産量、母親の摂取カロリーとコドモの年齢・社会的遊びの頻度を調べ、「母親は、自分の摂取カロリーを減少させることになっても、コドモを他個体と遊ばせるために時間を費やしている」と報告している（van Noordwijk *et al.* 2013）。たとえ果実生産量が低く、十分な量の果実を食べられないときでも、二歳以上のコドモを持つ母親は、コドモが他個体と遊ぶ時間を、自分自身の採食時間よりも優先している、というのだ。群れで生活しているほかの霊長類では顕在化することがほとんどない、コドモの遊びの重要性と、その重要性を母親が理解していると考えられる、単独生活をするオランウータンならではの研究だ。前節でオランウータンのコドモの遊びへの欲求の強さを紹介したが、母親もその欲求を理解し、最大限遊ぶ機会を保証しようとしているのが、オランウータンの子育ての隠れた特徴だといえるだろう。表面的には孤独に見える子育てが、じつはコドモのときに社会性を養うこと（他個体とかかわりを持つこと）の重要性を教えてくれる――群れで生活している霊長類を研究していてもわかりにくいことを明らかにできるのが、オランウータン研究の魅力かもしれない。

第6章 オランウータンの現状と未来

伐採された木材

オイルパーム農園

1　オランウータンを絶滅の危機に追いやっている要因

オランウータンは二〇世紀初頭にはスマトラ島とボルネオ島で合計三二万頭以上が生息していたと推定されているが、二〇世紀の間に激減した。二〇一六年の調査結果によると、スマトラ島に約一万四〇〇〇頭、ボルネオ島に約五万七〇〇〇頭、あわせて七万頭ほどしか残っていない（図6-1）。オランウータンの生息数の調査は、一定の面積の森のなかを歩く、ヘリコプターやドローンで森の上を飛ぶなどの方法で、樹上に残されたオランウータンのネスト（ベッド）の数をカウントし、ネスト寿命（つくられてから何日間たつと、ネストが原型をとどめなくなるか）などのいくつかの係数を掛け合わせ、調査地内の生息数を推定し、生息密度を算出する（古市 2002, 金森 2013）。算出された生息密度と生息地の面積を掛け合わせて、その地域全体の生息数を推定している（専門のソフトウェアが開発されている）。多くの推定値をもとに算出しているため、ボルネオ島全体というような広い単位での生息数の信頼度は、高いとはいえない。実際、サバ州全体でのオランウータンの生息密度は、一九八七年の推定値では約三〇〇〇頭だったが、二〇〇四年の推定値は約一万一〇〇〇頭と、数値のうえでは増加している。この間、リハビリテーションセンターで保護された個体数は増加し、森林面積が縮小しているので、オランウータンが増加しているとは考えられない（久世 2014）。調査精度の向上

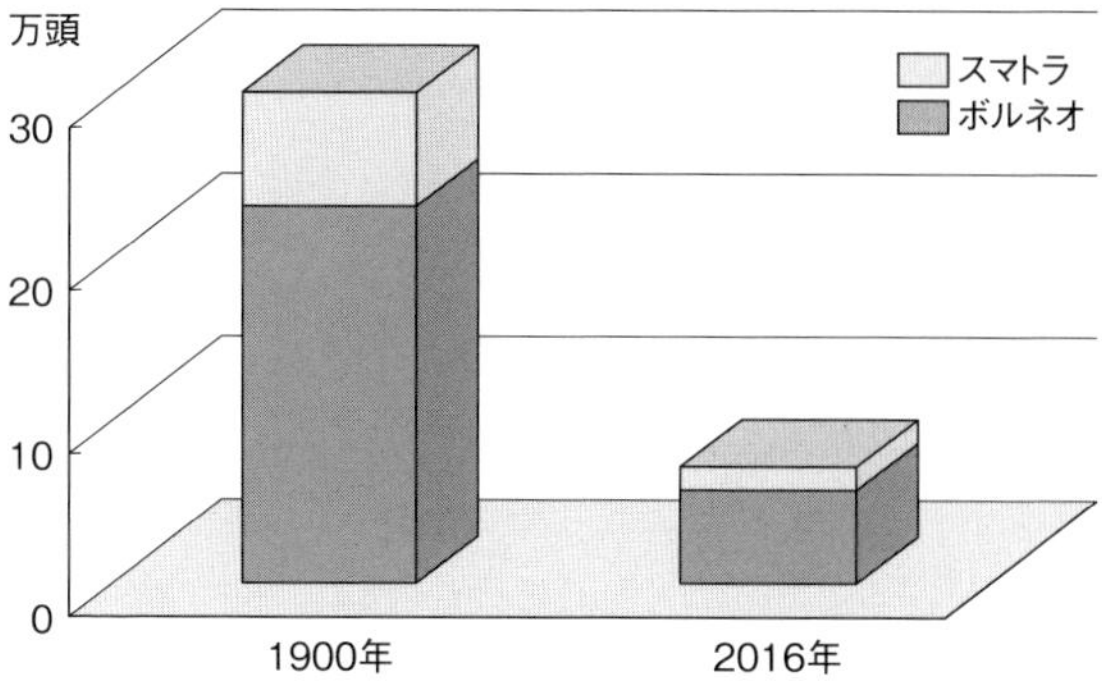

図 6-1　オランウータンの生息数の減少（久世 2013; Wich *et al.* 2016 をもとに作成）。

や、森林伐採などで森林が劣化したために、かえってオランウータンのネストが発見しやすくなり、結果的に推定値が上がってしまった可能性が大きい（Ancrenaz *et al.* 2004）。スマトラ島でも同様に、最近行った調査が、過去の推定値を上回ってしまった例がある（Wich *et al.* 2016）。二〇一八年二月には、一九九九～二〇一五年の一六年間でボルネオオランウータンの生息数は半分以下に減少した、という論文も発表されている（Voigt *et al.* 2018）。正確な生息数はともかく、近年、オランウータンが激減している点に関しては、研究者の間で異論はない。

オランウータンはなぜ減少しているのか。生息地である熱帯雨林が、森林伐採や農地開発、森林火災などで減少していることと、密猟がオランウータンを絶滅の危機に追いやっているおもな要因である。オランウータンは非常に繁殖スピードが遅いため、狩猟圧が年間一パーセントであっても、その地域から絶滅するといわれている。一九六〇年代以降、地元政府（マレーシア、インドネシア）はオランウータンを保護動物に指定し、狩猟を禁止しているが、密猟の監視体制が十分でないこともあり、法が守られているとはいいがたい。

日本でも一九九九年に大阪のペットショップでオランウータンのコドモが売られているのが摘発された（川端 2000）。この四頭は最終的にインドネシアのリハビリテーションセンターに送られたが、後に一頭は死亡し、二頭は森にリリースされ、一頭は森に適応できず、リハビリセンターで飼育されているようだ（二〇一一年時点）。

二〇世紀になってからは、ペット目的の密猟も、オランウータンを絶滅に追いやる一因になっている。オランウータンのアカンボウは愛らしく、ペットとして人気が高い。しかし、母親はコドモを命がけで守るので、アカンボウを手に入れるためには母親を殺すしかない。また近年では、「農業害獣」としてオランウータンが殺されている。森林伐採や農地開発により、生息地が縮小・分断され、オランウータンが食べものを求めて、果樹園やオイルパーム（油ヤシ）農園に入り込んだところを、作物への被害を防ごうとする農園の労働者たちに殺されることがある。このとき、母親がアカンボウをかばうことでアカンボウだけ生き延び、ペットとして飼われているのが発見され、保護されることもある。

一九六〇年代後半から一九八〇年代には、ボルネオ島の熱帯雨林では大量の樹木が伐採され、大部分が日本に輸出されていた。これらの木材は、コンクリートの型枠などとして大量に消費され、日本の高度経済成長を支えた。大規模な森林伐採により、生息地が破壊され、伐採作業に巻き込まれて、オランウータンが死亡することもあるだろう。また、伐採道路ができたことで、それまで人間がほとんど入ってくることがなかった奥地にも容易に入り込めるようになり、密猟が増えたことも報告されている（Voigt *et al.* 2018）。

一九九〇年代以降は、森林を皆伐して大規模なオイルパーム農園をつくることが、オランウータンをさらに厳しい状況に追い込んでいる。オイルパームは西アフリカ原産のヤシ科の植物で、原産地ではチンパンジーが果実や髄を食べることもある。東南アジアに持ち込まれてから、熱帯雨林を切り開いて急速に大規模な農園がつくられた。二一世紀になってからは、世界でもっとも多く生産されている植物油で、その大半がマレーシアとインドネシアで生産されている。オイルパームは「植物油脂」という表記で、私たちの日常生活に広く入り込んでおり、カップラーメンやレトルト食品、スナック菓子やチョコレート菓子、パン、化粧品、洗剤、シャンプーなど食用および非食用として広く利用されている。

オイルパームの果実（果肉と種子）から油をとることができるが、果実を採取してから劣化するまでが早く、二四時間以内に大規模な工場で搾油しなければならないので、生産性を追求すると大規模な農園をつくらざるをえない。また、オイルパームは熱帯地域（南北回帰線の間）でしか生育できない。欧米では、オイルパームが熱帯雨林の大規模な破壊の主因になっていることを訴える環境保護団体が多い。たとえば、イギリスではオランウータンの保護活動を支援する団体が、毎年夏になると「あなたが食べるアイスクリームがオランウータンを殺す！」と訴え、キャンペーンを行っている。

一方、ほとんどの日本人は、オランウータンたちが住む森を切り開いてつくられたオイルパームが、私たちの便利な生活を支えていることを知らず、むしろ「動物性油脂より植物油脂のほうが体によい、環境に優しい」と考えて購入する消費者もいる。

密猟、森林伐採、オイルパーム農園開発のうち、どれがもっともオランウータンにとって深刻な脅威なのだろう。私は「セピロク・オランウータン・リハビリテーションセンター（セピロク）」で保護されたオランウータンの個体数と、サバ州の木材生産量およびオイルパーム農園の面積を比べてみた。その結果、サバ州でオランウータン個体群に壊滅的な打撃を与えた存在が浮かび上がった（図6-2）。一九七〇年代から一九八〇年代の森林伐採がさかんに行われていた時期は、保護されたオランウータンの個体数は増える一方だった。しかし、マレーシア政府の方針転換により、木材生産量が激減した一九九〇年代以降も、セピロクで保護された個体数はさらに増加している。このときは、オイルパーム農園の面積が急増している時期にあたる。二〇〇〇年代に入ると、受入個体数は一〇頭未満／年と一九六〇年代と同程度まで減少している。これは、ほとんどの生息地がオイルパーム農園に転換され、母体となっていた野生個体群が激減してしまったことの現れだろう。

一九八〇年代までは、オランウータンは原生林（伐採など、人間活動の影響を受けていない森林）でしか生息できないと考えられていたが、一九九〇年代以降、伐採後の二次林にもオランウータンが生息している、ということが知られるようになった。一次林と二次林でオランウータンの生態を比較した研究もいくつか行われており、二次林のほうが一次林に比べて食物環境が悪く、生息密度も低い、

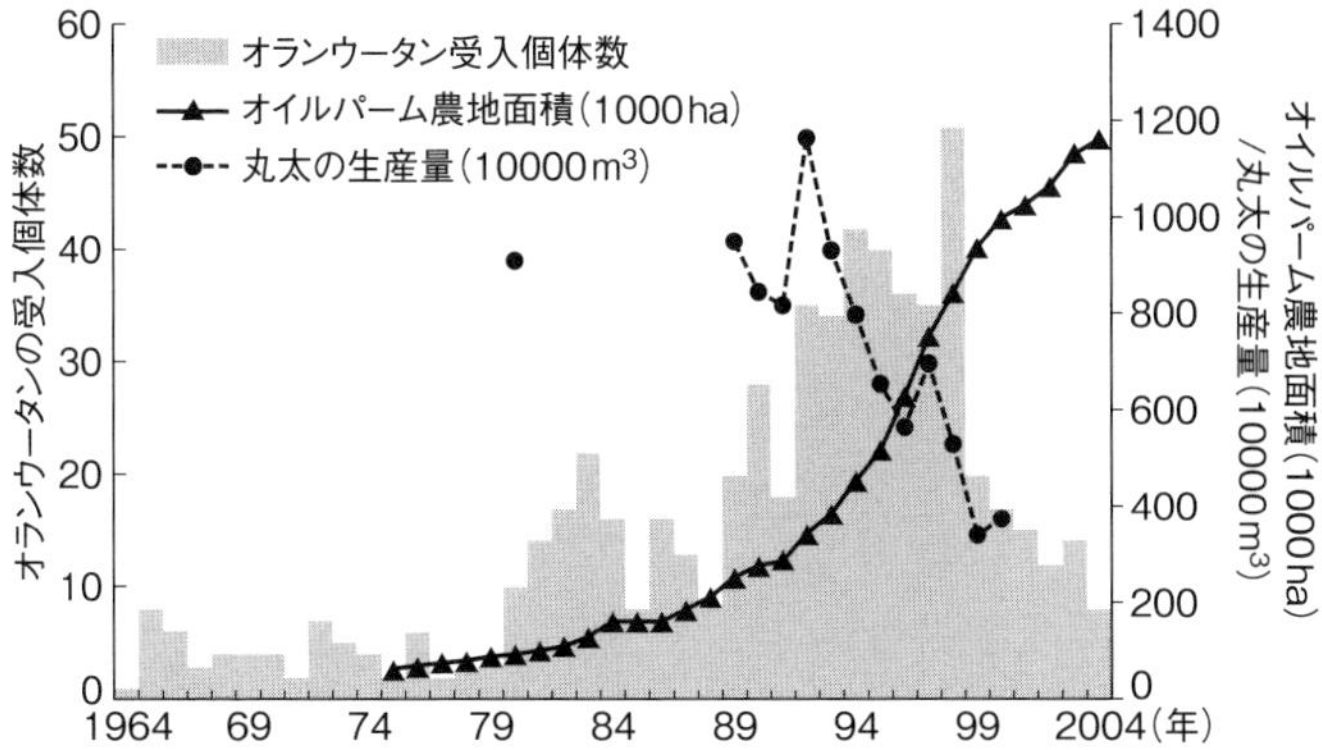

図 6-2　サバ州で保護されたオランウータンと木材生産・オイルパーム。

という報告（Felton *et al.* 2003）の一方で、パルプの原料として植林されたアカシアの商業植林地も利用するなど、生息環境の変化に応じてオランウータンが柔軟に採食行動を変化させることもわかってきた（Meijaard *et al.* 2010）。一方で、森林へのダメージを最小限におさえるような低インパクト伐採を行うのであれば、オランウータンの生存と森林経営の両立は可能、という報告もある。サバ州のデラマコット保存林は、一九九七年にFSC認証（森林の環境保全に配慮し、地域社会の利益にかない、経済的にも継続可能なかたちで生産された木材に与えられる認証）を取得し、持続可能な森林経営をめざしている。一九九九〜二〇一二年に発表されたネスト・センサス（オランウータンが一日一個つくるネストの数をもとに生息数を推定する方法）やカメラトラップ（自動撮影カメラに写った動物の数から生息数を推定する方法）を用いた研究から、この保存林ではオランウータンをはじめ、ゾウやバンテンなどの希少な大型哺乳類の生息数が比較的安定していることが確かめられている（松林 2015）。

2　オランウータンを保全する取り組みの光と影

以上のように、オランウータンを取り巻く状況は厳しいが、現地ではさまざまな保全活動も行われている。もっとも古くから行われている保全活動は、「リハビリテーション事業（野生復帰事業）」である。一九六〇年代前半に、ボルネオ島マレーシア領サラワク州で始まり、一九六四年にマレーシアのサバ州政府がサンダカン近郊にセピロク・オランウータン・リハビリテーションセンター（セピロク）を開設した。その後、インドネシアのタンジュン・プティン国立公園（ボルネオ島中央カリマンタン）やグヌン・ルーサー国立公園（スマトラ島北部）でも同様の事業が行われた。リハビリテーション事業では、違法に飼育されていたオランウータンのコドモを当局が押収し、専門のスタッフがオランウータンを育て、最終的には野生に帰す（人間の助けがなくても森のなかで生きていける）ことを目標にしている。二〇一七年時点で、インドネシア（ボルネオ島とスマトラ島）とマレーシア（ボルネオ島とマレーシア半島）に、合計一〇カ所以上のリハビリテーションセンターがある（Russon 2009）。インドネシアの施設は、すべてNGOが運営しているが、マレーシアの施設は、半島にあるブキット・メラを除き（Hayashi *et al.* 2018）、州政府が運営している。

一見、リハビリテーション事業の成功の証と思われていたリハビリ個体の繁殖が、じつはリハビリテーション事業の問題点をあぶりだしたように、リハビリテーション事業には負の側面も大きい。一九六〇年代〜七〇年代初めにボルネオ島やスマトラ島で開設されたリハビリテーションセンターは、有料で一般に公開されていたため、「絶滅危惧種の保全事業というよりも、むしろたんなる観光業（金儲け）ではないか」、「リハビリテーション事業に使われる資金を、野生個体群やその生息地を保全するために使うべきだ」と一九七〇年代半ばからつねに批判されてきた（たとえば鈴木 2003）。また、「人間に育てられたオランウータンを、野生個体の生息地に放すと、病気を伝搬し、野生個体と食べものを奪い合うなど、むしろ野生個体を圧迫する可能性が高い」ともいわれた（久世 2004, Russon 2010）。

こうした批判を受け、一九九〇年代からインドネシアでは、「人間が保護して育てた個体は野生個体が生息していない森林にリリースし、リハビリテーションの過程は一般に公開しない」という新しいスタイルの事業が行われるようになった。この事業は「再導入（リイントロダクション）」（re-introduction）と呼ばれ、インドネシアでは主流だが、マレーシアではこのようなかたちの事業は行われていない。この二つの条件を満たす森林は、密猟によってオランウータンの地域個体群が絶滅した可能性が高く、リハビリ個体をリリースしても密猟されるリスクが高い。条件を満たすリリース地を見つけるのが困難なために、多くの保護施設でリハビリ個体を長期間飼育し続けざるをえない状況を生みだした。二〇一二年の段階では、マレーシアとインドネシアであわせて一〇〇〇頭近くのオランウータンが保護されていたこともある（Russon 2010）。

インドネシア政府は二〇一〇年に、「二〇一五年までにすべてのリハビリ個体をリリースする」という目標を公式に表明したが、当初から予想されていたように、二〇一七年になってもいまだに多くのリハビリ個体がセンターで飼育されている。リイントロダクションを行っているNGO（Borneo Orangutan Survival Foundation）が、二〇一〇年ごろから伐採された森林地を政府から有償で借りて、植林してオランウータンの生息適地に変えてリリースしよう、という事業も始めている（BOS財団日本支部 http://www.bos-japan.jp/）。しかし、毎年増え続ける保護個体をリリースする場所を確保していくことは容易ではない。このためインドネシア政府は二〇一五年から、野生個体が生息している場所にも、厳密な調査のうえで少数のリハビリ個体をリリースしてもよい、と方針を変更している。

オランウータンのリハビリテーション事業の理想的なゴールは、リハビリテーションセンターに運ばれてくる個体がいなくなることだろう。実際、セピロクやサラワク州の二つの公営リハビリテーションセンター（セメンゴ・ワイルドライフ・リハビリテーションセンターとマタン・ワイルドライフセンター）が二〇一四年に受け入れた個体は〇頭だった（Sepilok Orangutan Rehabilitation Center 2014）。しかし、これは野生オランウータンの保全事業がうまくいっているというだけでなく、野生オランウータンの生息地が壊滅的な打撃を受け、母体となる野生個体群が非常に小さくなってしまった証だともいえる。また、インドネシア側では二〇一五年に大規模な森林火災が起き、多数の個体が保護施設に運び込まれるとともに、違法に飼育されていたオランウータンが保護された事例も続いている。リハビリテーションセンターやリイントロダクションセンターなどの保護施設がなければ、保護された個体は見殺しにされかねない。リハビリテーション事業は多くの問題を抱えているので、今すぐ全廃し、浮いた資源（お金や人材）を野生個体が生息する森林の保全に使うべきだ、という意見もある。私もリハビリテーション事業の問題はよく理解しているが、そうした極端な意見には賛同できない。もちろん、将来的にはリハビリテーションセンターがなくなることが理想であるが、少なくとも多くの個体が今も保護されているインドネシアの現状においては、リハビリテーションセンターを全廃することは現実的な選択肢ではないと思う。

近年では、オランウータンの保全と経済的利益の両立をめざして、エコツーリズムを活用しよう、という動きもある。現在は、リハビリテーションセンターを訪れるツアーのほうがまだ主流だが、一部で野生個体を対象としたツアーも行われている。ボートに乗って野生動物を探すリバークルーズが人気を集めているサバ州スカウ村では、一九九七年からアクレナス博士たちが地元住民とともに、オランウータンの調査研究と保全事業に取り組んでいる。保全活動の一環として、調査地でオランウータンを観察できるツアー（レッド・エイプ・エンカウンター）を催行していた。通常スカウで行われている観光ツアーでは、観光客が支払ったお金は、ほとんどが村外のツアー会社や業者に流れてしまい、地元住民はわずかな雇用が得られるだけだった。一方、レッド・エイプ・エンカウンターでは、ツアー客は村人の家にホームステイし、ガイドの村人の案内で、オランウータンや野生動物を見にいくので、旅行代金の九〇パーセント以上が村に落ちる仕組みになっていた。しかしながら、レッド・

エイプ・エンカウンターはマネジメントなどでトラブルがあり、現在は休止している。

私たちが二〇〇五年から調査を行っている、ダナム・バレイにある宿泊施設では、比較的簡単に野生のオランウータンを見ることができるため、高額の宿泊費（一泊一人三万円以上）にもかかわらず、予約がとりにくいほど人気がある。オランウータンの生息地のなかでも、サバ州は交通網（道路および空路）が整備されていて、大勢の観光客が訪れており、観光業が州内でも重要な産業になっている。とくにオランウータンはサバ州の観光の目玉、マスコット的存在として地元でも重視されている。一方で、アフリカで行われているゴリラのエコツーリズムのように、高額な参加費を設定し、地元住民に直接的な経済的利益をもたらすような仕組みは、二〇一七年現在ほとんどない。私はアフリカでゴリラツアーにも参加したことがあるが、正直、ゴリラツアーと同じ金額（保護区に入る許可書を得るだけで一〇万円近い金額を払わなければならない）を、オランウータンを見るためだけに払う観光客がいるだろうか、と疑問に思う。群れで生活するゴリラは、ひとたび出会うことができれば、シルバーバックと呼ばれるみごとな巨体のオトナ雄、何頭ものかわいいアカンボウや母親、楽しそうに遊ぶコドモやワカモノたちを間近で見ることができる。だが、オランウータンは、出会えても二〇～三〇メートルの高い樹上にいて、一頭の姿をはっきり見ることすらままならない。運よく低い位置に下りてきても、ひたすら果実や葉を食べている姿か、休んでいる姿しか見ることができない。ダナム・バレイで観光客を見ていると、条件がよくても三〇分ほどでほとんどの観光客は帰ってしまう。普通の人たちにとっては、ゴリラツアーの三〇分はあっという間でも、オランウータンを見続ける三〇分はうんざりするほど長く感じるかもしれない。個人的には、オランウータンの保全において、エコツーリズムを活用する余地はあると思うが、ゴリラやチンパンジーに比べると、観光資源としての取り扱いがよりむずかしいだろうと考えている。

日本人が直接かかわっているオランウータンの保全に関係する活動として、「緑の回廊づくり」があげられる。サバ州キナバタンガン川流域には、小さな保護区や私有林が川沿いに点在している。そこで保護区と保護区の間の土地を買い取り、野生動物が行き来できる「緑の回廊」をつくろうというトラスト運動である（ＢＣＴジャパン http://www.bctj.jp/）。必ずしもオランウータンのみを対象とした事業ではないが、オランウータンの保全を考えるうえで、重要な取り組みといえる。このほかにも、キナバタンガン川流域では、ＷＷＦ（世界自然保護基金）マレーシアと株式会社リコーによる植林活動や、ボルネオ島の脊梁山脈を中心に、（まだ開発がおよんでいない）島の内陸部の森林と野生生物を保護しよう、というプロジェクト「ハート・オブ・ボルネオ」が、ＷＷＦを中心に行われている。オランウータンの生息地（とくにボルネオ島）では、保全活動の一環として、（森林復元を目的とした）植林事業も行われている。ボルネオ島やスマトラ島で植林を行う場合、オランウータンが好む果実をつけるドリアンやマンゴスチンなどの木を選んで植えることも多い。しかし、こうした保全を目的とした植林事業が、オランウータンの保全に効果を発揮したかどうかを科学的に検証した研究は、ほとんどない。

このほか、日本のＮＧＯ「熱帯雨林行動ネットワークＪＡＴＡＮ（http://www.jatan.org/）」や

「ウータン森と生活を考える会（http://www.hutangroup.org/）」などが、インドネシア人が設立した、オランウータンの保全に取り組むローカルＮＧＯの活動を支援している。クラウドファンディングによるキャンペーン、オランウータンの生息地を訪問するエコツアー、生息地の現状を伝えるセミナーや講演会などを開催している。またＷＷＦジャパンもインドネシアやマレーシアのＷＷＦと協力して、現地での保全活動や日本国内での啓蒙活動に取り組んでいる。

いくつかの取り組みはあるものの、オランウータンを保全するためにもっとも重要なことは、生息地である熱帯雨林の保全である。オイルパームの大規模農園のこれ以上の拡大を防ぐことがもっとも重要であることは、疑う余地はない。なにより私たち日本人を含め先進国の消費者が、オイルパームを使用した製品をよく吟味し、問題意識を持ち続けることが重要だ（ボルネオ保全トラストジャパン 2018）。また低インパクト伐採など、注意深く管理された森林経営を行えば、オランウータンの保全と持続可能な林業の両立は可能だろう（松林 2015）。一方で森林が保全されたとしても、密猟が横行するようでは、オランウータンはその地域から絶滅してしまう（Voigt *et al.* 2018）。森林資源の適正な利用とともに、法の遵守をどのように達成するのか、も重要な課題である。

（この章は「海外の森林と林業」八九号に掲載された著者の記事を加筆・修正した）

エピローグ

これからのオランウータン調査研究

調査地と調査助手（ダナム・バレイ森林保護区にて撮影）

本書で紹介してきたように、二〇世紀半ばから各国の研究者が取り組んできた調査研究のおかげで、「森の哲人」の謎に包まれた生態の一端は明らかになりつつある。年齢に関係なく、社会的地位が優位になると二次性徴が発達する雄の二型成熟、野生動物としては異例なほど低い死亡率、陸生哺乳類のなかで最長の出産間隔がもたらした極端な少子化社会、変動が激しい果実生産量に適応するために進化した、低代謝で「食いだめ」するメタボリック体質。オランウータンは類人猿のなかでというよりも、哺乳類のなかで、「もっともゆっくりとした生活史」を獲得した種だということがわかってきた。

しかし、まだ残された謎も多い。いまだにほとんどわかっていないのは、雄のオランウータンの一生（ライフヒストリー）だ。六〜九歳で母親から独り立ちし、一五歳ごろまでに出生地で姿が見られなくなり、長距離移動するのだろう、と推測はされている（集団遺伝学の研究もこの推測を支持している）。寿命は約六〇歳と推定されているものの、一五〜六〇歳の間にどこでどのように過ごし、いつフランジ雄に「変身」し、何頭の雌との間にどのくらいコドモを残せるのか。チンパンジーやゴリラでは、その一生が記録され、残したコドモの数までわかっている雄が何頭もいるのに、オランウータンでは一頭もいない。チンパンジーやゴリラと同様、あるいはそれ以上に多様な生きざまがオランウータンの雄にはあるだろう。一生アンフランジ雄のままで過ごす個体もいるだろうし、長距離を移動し続け、同じ土地に二度と戻ってこない雄もいるかもしれない。現在のような調査者が個体追跡して直接観察する手法では、オランウータンの雄の一生を明らかにすることは、おそらく不可能だろう。

ドローン、データロガー、発信器、さまざまなテクノロジーを駆使して、雄の一生を解明しようという試みは行われるかもしれないが、四〇年、五〇年という長期間にわたって、同じ雄個体を追跡するという地道な調査を続けられる研究者はいるだろうか。なにより、それほどの長期間にわたって、調査に必要な研究費を獲得し続けることができるだろうか。

野生オランウータンの調査に取り組む、ほとんどすべての研究者が直面している難問は「研究資金の獲得」である。オランウータンは単独性が強く、樹上性であるうえ、成長も繁殖スピードも遅いので、データ収集の効率が非常に悪い。本書でも紹介したように、一本の論文を書くために、一〇年以上の観察が必要なことはめずらしくない。研究費（競争的資金）を獲得するためには、短期（一〜三年）でめざましい研究成果を出すことが求められる昨今の科学界の状況は、日本のみならず世界共通である。このような状況で、オランウータンを研究対象に選ぶのは、よっぽどの愚か者だと思われてもしかたない。オランウータン研究者はいわば、「森の哲人を追いかける愚者」である。実際、世界的に見ても大学などの研究機関で常勤職（任期なしの教授などの職）にあるオランウータン研究者は少数派で、オランウータンの保護活動を行う国際的なＮＧＯの専属スタッフとして、研究と保護活動を両立している研究者が多い。日本でも同様で、私も含め、常勤職のオランウータン研究者はひとりもいない。

そんな状況のなか、私たちは、オランウータンの学術調査・研究を支援し、日本でのオランウータンの能力や生態に関する普及啓蒙活動を行うことを目的に、「日本オランウータン・リサーチセンター（http://orangutan-research.jp/）」という任意団体を、この本を執筆中に設立した（二〇一六年六月）。二〇一六年六〜八月と一二月にはクラウド・ファンディングにも挑戦し、ダナム・バレイの調査プロジェクトで働く、現地調査助手の給与などとして合計一六一万円のお金を集め、目標を達成することができた。正直、絶滅の危機に瀕するオランウータンの保全・保護活動ではなく、「学術調査を継続する」ことを目的にして、これほどの多くの方から支援していただけるとは思っていなかった。今後は、オランウータンのみならず、野生生物を対象とした長期研究を継続するために、こうした個人からの寄付を募ることは、寄付文化が根づいていないといわれる日本であっても、十分可能かもしれない。

本書を出版にするにあたり、プロの写真家をはじめ、多くの方から快く資料を提供いただだいた。第3〜5章に掲載されている野生オランウータンの写真は、ほとんどが調査助手のエディ・ボーイ（ピオ）が撮影してくれた。また、私が今までオランウータンの調査研究を行うなかで、日本やマレーシアでたくさんの方にお世話になった。本文でも名前をあげた共同研究者たちや調査助手たち、私が今まで在籍してきた東京工業大学幸島研究室、京都大学の人類進化論研究室や野生動物研究センター、国立科学博物館人類研究部のメンバー、マレーシアの関係機関の人々や友人たちには、心から感謝している。とくにダナム・バレイでの調査は、京都大学の山極寿一教授、松沢哲郎教授、伊谷原一教授、幸島司郎教授からの支援がなければ続けることはできなかった。この場を借りて感謝申し上げる。

私が生きているうちに、オランウータンの雄の一生が明らかになることはないかもしれないが、一生をかけても解明することができないような謎を秘めた対象に出会うことができ、私は研究者として幸せだと思っている。と同時に、次世代の若手研究者たちによって、雄の一生が記録され、明らかになることを願っている。

おわりに

本書を執筆する前の私の「夢」はいつか山極寿一先生が執筆された『ゴリラ』（東京大学出版会）のような、オランウータンの「総説」本を書くことだった。同時に、夢がかなうとしたら、私がオランウータン研究者として、どこかの大学で常勤職につき、定年間近になっているころだろうと思っていた。それが思いがけず、まだポスドクの、四〇代はじめで夢がかなうことになった。オランウータンの本を出版したい、と考えていた東京大学出版会編集部の光明義文さんを、山極寿一先生がご紹介くださったのがきっかけだった。

光明さんと初めてお会いして、執筆のお話をいただいたのは、二女を出産し、育児休業中だった二〇一五年秋のことだった。二〇一六年一月から執筆を始め、最初は意外と順調だったが、四月から二女を保育園に預けて復帰してからのほうが、育児・家事と仕事の両立に苦戦、原稿を執筆する時間を捻出するのに苦労し、徹夜で執筆したことが何度もあった。仕事の面でも、研究発表や講演、「日本オランウータン・リサーチセンター」のクラウド・ファンディングへの挑戦、マレーシアでの子連れ調査、非常勤講師としての集中講義、学会役員としての仕事など、さまざまな業務を平行してマネジメントすることに苦戦し、母子ともに体調を崩すことも多く、執筆が思うように進まないことも多々あった。締切を守れなかったことも数知れなかったが、辛抱づよく励ましてくださった光明さんのおかげで、ここまでこぎ着けることができた。光明さんなしに、このようなオランウータンの本が日本で出版されることはなかったと思うので、ほんとうに感謝している。本書の装幀は山極先生の『ゴリラ』も手がけたデザイナーの遠藤勁さんにお願いした。遠藤さんの手にかかると、日頃見慣れた写真でもハッと思うような新鮮さが感じられ、オランウータンの魅力を伝える大きな助けになった。深く御礼申し上げたい。

山極先生の『ゴリラ』のような本を書きたいと光明さんに話したとき、もっと荒削りでもいいので、私自身の経験も盛り込んで書いてほしい、といわれたこともあり、本書の前半は私自身がどのようにオランウータンと出会い、紆余曲折の末、野生個体を研究する新しい長期調査プロジェクトを立ち上げるに至ったか、を執筆した。私は研究者としては、論文の数も少なく、たいした業績も上げられてないと自覚している（正直、研究者に向いていないと今でも思う）。しかし、だからこそ「賢者を追いかける愚者」のようにオランウータンを研究する、といういばらの道を突き進めたのかもしれない。

本書でも何度かふれたが、オランウータンは絶滅の危機に瀕している。彼らについて研究するなら、基礎研究よりも保全をテーマにして研究すべきかもしれない。保全活動と純粋な学術研究の間で、私と共同研究者の金森さんはいつも悩んでいた。私たちが調査地にしたダナム・バレイは、調査を始める前からすでに保護区になっていたうえに保護区になる前からこの地域に住んでいる人たちはいなかったため、地元住民との軋轢もほとんどなかった。調査地で地元住民とオランウータンの間に軋轢

（密猟、農業被害など）がある、あるいは森林伐採や農園開発の脅威にさらされている、という地域なら、それを材料に「保全のために研究する」として研究費を得ることができるだろう。私たちはかなり無理して、保全を目的とした研究費を得たこともあったが、それは保全活動を行っている人たちに対しても不誠実ではないか、と思っていた。もっと堂々と「保全活動はしません、学術研究をします」と宣言して、それでもお金を出してくれるスポンサーを得たかった。日本オランウータン・リサーチセンターを立ち上げて、クラウド・ファンディングに挑戦した理由の一つは、これだった。

もちろん、保全活動の重要さは十分認識している。原生林での本来のオランウータンの生態を明らかにし、それを二次林や劣化した環境に生息するオランウータンの生態と比較することは、保全活動を進めるうえでも重要なことだし、私たちもそうしたかたちで貢献したいと思っている。しかし私たちの真の目的は、オランウータンがどんな生きものなのか、彼らの生態、能力を明らかにすることである。ある種の純粋な知的好奇心、役に立たないこと、の最たるものだ。光明さんが自由に書かせてくれたこともあり、私としてはオランウータンの絶滅の危機や保全よりも、彼らの行動、生態、社会、能力、といったことを詳述することで、「森の哲人」の魅力を伝えたかった。物足りなく感じた読者もいるかもしれないが、いくばくかの読者の知的好奇心を満たすことができたなら望外の喜びである。

最後に、ときにはボルネオ島まで同行し、オランウータンの研究を続けることを応援してくれた、家族への感謝の気持ちを述べて、終わりにしたい。ほんとうにありがとう。

二〇一八年二月　スイス・チューリッヒ大学にて　久世濃子

礼子 (慶應義塾大学), **坂上和弘** (国立科学博物館), **坪内俊憲** (Borneo Conservation Trust),
Marc Ancrenaz (HUTAN), **Isabelle Lackman-Ancrenaz** (HUTAN), **Waidi Sinun** (Sabah Foundation),

(協力者/支援者)
Glen Reynolds (SEARRP), **Henry Bernard** (ITBC), **Titol Peter Malim** (SWD), **Salina Noor** (SWD),
Irene Liew (BNT), **Jimmy Omar** (Sabah Foundation),
Isabelo Garcia (BNT), **Henry Llames** (BNT), **Anita Lat** (BNT)

助成金

日本動物園水族館協会 野生動物保護募金
JSPS-HOPE (人間の進化の霊長類的起源)
AS-HOPE (人間の本性の進化的起源に関する先端研究)
京都大学大学院理学研究科 21世紀COEプログラム (A14)
京都大学大学院理学研究科 グローバルCOEプログラム (A06)
東京工業大学 グローバルCOEプログラム (R12, A10)
京都大学霊長類研究所共同利用・共同研究 (2015B55, 2016B74)
環境省環境研究総合推進費 (F-061, D-1007)
京都大学 霊長類学・ワイルドライフサイエンス・リーディング大学院
JSPS研究拠点形成事業 (A. 先端拠点形成型) (大型動物を軸とする熱帯生物多様性保全の国際拠点)
日本学術振興会 科学研究費補助金 基盤研究(A) (25257407)
日本学術振興会 科学研究費補助金 基盤研究(B) (25291100)
日本学術振興会 科学研究費補助金 若手(B) (20700243)
日本学術振興会 科学研究費補助金 特別研究員奨励費 (09J08589, 13J40012, 15J00464, 17J40025)
藤原ナチュラルヒストリー振興財団学術研究助成
三井物産環境基金
クラウド・ファンディング Japan Giving
- **「ボルネオ島での日本人による野生オランウータンの長期野外調査を継続したい!」** (2016),
- **「野生オランウータンの夜間観察に挑戦します!」** (2016),
- **「ボルネオ島での日本人による野生オランウータンの長期野外調査を継続したい!」** (2017〜)

---

*敬称略

ダナム・バレイ・オランウータン調査プロジェクト概要

研究者 （調査期間）	**金森朝子** (2004～) 東京工業大学大学院・京都大学霊長類研究所 **久世濃子** (2005～) 東京工業大学大学院・京都大学大学院・国立科学博物館 **山崎彩夏** (2009～2012) 東京農工大学大学院 **田島知之** (2011～) 京都大学大学院 **Renata Mendonça** (2012～2015) 京都大学霊長類研究所 **蔦谷匠** (2016～) 東京大学大学院・京都大学大学院・海洋研究開発機構
調査助手 （働いた期間）	**Saimon** (2004), **Unding Jami** (2004～2005), **Eddy Boy** (2005～), **Bernadus Bala Ola** (2005～), **Bernadus Bala Ola** (2005～), **Alex Ander** (2005～), **Patir** (2005), **Baim** (2005), **Dedy Bin Mustapa** (2006～2007), **Azizan Bin Sailim** (2007～2009), **Azwandy Arimin** (2007～2009), **Ziffyon Minsun** (2010～2011), **Poleh Bin Inging** (2010～2015), **Hendry Pondey** (2010～2011), **Boy** (2010), **Kirmizi Bin Rosliu** (2013～2016), **Akin** (2013), **Donny** (2014), **Denny** (2014), **Lijor Bin John** (2016), **Lius Bin Apok** (2016), **Jaidi Bin Jolin** (2016～), **Elvis Chin** (2016), **Elny Dencio** (2016～)
協力機関	**東京工業大学大学院生命理工学研究科，京都大学大学院理学研究科，京都大学野生動物研究センター，京都大学霊長類研究所，東京農工大学大学院連合農学研究科，東京大学大学院新領域創成科学研究科，国立科学博物館，** **Federal Economic Planning Unit** (Malaysia), **Sabah Economic Planning Unit,** **Sabah Biodiversity Center,** **Sabah Wildlife Department** (SWD), **Institute for Tropical Biology and Conservation** (ITBC), **University Malaysia Sabah,** **Sabah Foundation,** **Danum Valley Management Committee** (DVMC), **Borneo Rainforest Lodge** (BRL), **Borneo Nature Tours SDN. BHD.** (BNT), **Danum Valley Field Center** (DVFC), **The South East Asia Rainforest Research Partnership** (SEARRP)
協力者/支援者	**幸島司郎** (京都大学), **松沢哲郎** (京都大学), **伊谷原一** (京都大学), **山極寿一** (京都大学), **西田利貞** (京都大学), **古市剛** (京都大学), **湯本貴和** (京都大学), **半谷吾郎** (京都大学), **木下こづえ** (京都大学), **田村光平** (東北大学), **木村えみ子**, **武田庄司** (東京農工大学), **河野**

[著者略歴]

一九七六年　東京に生まれる
一九九九年　東京農工大学農学部卒業
二〇〇五年　東京工業大学大学院生命理工学研究科博士課程修了、博士（理学）
京都大学大学院理学研究科ＣＯＥ研究員、京都大学野生動物研究センター日本学術振興会特別研究員（ＰＤ）などを経て
現在　国立科学博物館人類研究部・日本学術振興会特別研究員（ＲＰＤ）

[主要著書]

『セックスの人類学（シリーズ来たるべき人類学１）』（分担執筆、二〇〇九年、春風社）
『オランウータンってどんな「ヒト」？（あさがく選書５）』（二〇一三年、朝日学生新聞社）
『女も男もフィールドへ（ＦＥＮＩＣＳ一〇〇万人のフィールドワーカーシリーズ12）』（分担執筆、二〇一六年、古今書院）
『フィールドノート古今東西（ＦＥＮＩＣＳ一〇〇万人のフィールドワーカーシリーズ13）』（分担執筆、二〇一六年、古今書院）ほか

オランウータン
森の哲人は子育ての達人

二〇一八年七月二五日　初　版

検印廃止

著　者　久《く》世《ぜ》濃《のう》子《こ》
発行所　一般財団法人　東京大学出版会
代表者　吉見俊哉
一五三-〇〇四一　東京都目黒区駒場四―五―二九
電話：〇三―六四〇七―一〇六九
振替〇〇一六〇―六―五九九六四
印刷所　株式会社　精興社
製本所　牧製本印刷株式会社

ISBN 978-4-13-063349-9

引用文献

アッカーマン，J.（2018）『鳥！ 驚異の知能——道具をつくり，心を読み，確率を理解する』，鍛原多恵子訳，講談社.

バーン，R.，ホワイトゥン，A. 編（2004）『マキャベリ的知性と心の進化論』，藤田和生・山下博志・友永雅己訳，ナカニシヤ出版.

コーレット，R. T.（2013）『アジアの熱帯生態学』，長田典之・松林尚志・沼田真也・安田雅俊訳，東海大学出版会.

ガルディカス，B. M. F.（1999）『オランウータンとともに——失われゆくエデンの園から［上・下］』，杉浦秀樹・長谷川寿一・斉藤千映美訳，新曜社.

グドール，J.（2017）『野生チンパンジーの世界［新装版］』，杉山幸丸・松沢哲郎訳，ミネルヴァ書房.

ハート，D.，サスマン，R. W.（2007）『ヒトは食べられて進化した』，伊藤伸子訳，化学同人.

ノット，C.（1998）『野生のオランウータン』，ナショナルジオグラフィック 8 月号，64-91.

マキノン，J.（1977）『孤独な森の住人』，小原秀雄・小野さやか訳，早川書房.

ネイピア，J. R.，ネイピア，P. H.（1987）『世界の霊長類（自然誌選書）』，伊沢紘生訳，どうぶつ社.

シュワルツ，J.（1989）『オランウータンと人類の起源』，渡辺毅訳，河出書房新社.

ランガム，R.，ピーターソン，D.（1998）『男の凶暴性はどこからきたか』，山下篤子訳，三田出版会.

井上英治（2016）『DNA 分析が明かす大型類人猿の分散パターン』，現代思想 12 月号，150-158.

浦島匡・並木美砂子・福田健二（2017）『おっぱいの進化史』，技術評論社.

岡野恒也（1965）『オラン・ウータンの島——ボルネオ探訪記』，紀伊國屋書店.

金森朝子（2013）『野生オランウータンを追いかけて（フィールド生物学）』，東海大学出版会.

亀井伸孝編（2009）『遊びの人類学ことはじめ――フィールドで出会った“子ども”たち』，昭和堂.
川端裕人（2000）『オランウータンを森へ返す日（旺文社ジュニアノンフィクション）』，旺文社.
川端裕人著，海部陽介監修（2017）『我々はなぜ我々だけなのか――アジアから消えた多様な「人類」たち（ブルーバックス）』，講談社.
久世濃子（2004）「マレーシア・サバ州におけるオランウータンの調査と保護の現状」，霊長類研究，20，77-80.
久世濃子（2009）「セックスをめぐる葛藤――オランウータンを中心に」.『セックスの人類学』，奥野克巳・椎野若菜・竹ノ下祐二編，春風社.
久世濃子（2013）『オランウータンってどんなヒト？（あさがく選書）』，朝日学生新聞社.
久世濃子（2014）「オランウータンの生態と保全」，海外の森林と林業，89，20-25.
久世濃子（2016）「霊長類学者のフィールドノート――私の試行錯誤」.『FENICS（Fieldworker's Experimental Network for Interdisciplinary Communications）フィールドワーカーシリーズ第13巻 フィールドノート古今東西』，梶丸岳・椎野若菜・丹羽朋子編，古今書院.
黒鳥英俊（2008）『オランウータンのジプシー』，ポプラ社.
小林洋美・橋彌和秀（2005）「コミュニケーション装置としての目――“グルーミング”する視線」.『読む目・読まれる目――視線理解の進化と発達の心理学』，遠藤利彦編，東京大学出版会.
杉山幸丸（1993）『子殺しの行動学（講談社学術文庫）』，講談社.
鈴木晃（1992）『夕陽をみつめるチンパンジー』，丸善.
鈴木晃（2003）『オランウータンの不思議社会（岩波ジュニア新書）』，岩波書店.
竹下秀子（2013）「発育・発達の時間的再編と行動進化――姿勢運動と物，母子のかかわりから考える」，動物心理学研究，63，19-29.
田島知之・本郷峻・松川あおい・飯田恵理子・澤栗秀太・中林雅・松本卓也・田和優子・仲澤伸子（2016）『①アジア・アフリカの哺乳類編（はじめてのフィールドワーク）』，東海大学出版部.
中島啓裕（2014）『イマドキの動物ジャコウネコ』，東海大学出版会.
中道正之（2017）『サルの子育てヒトの子育て（角川新書）』，KADOKAWA.

中村美知夫（2009）『チンパンジー――ことばのない彼らが語ること（中公新書）』，中央公論新社.
中村美知夫（2015）『「サル学」の系譜――人とチンパンジーの 50 年（中公叢書）』，中央公論新社.
西田利貞（1994）『チンパンジーおもしろ観察記』，紀伊國屋書店.
古市剛（2002）「ネストカウント法による類人猿の密度推定」，霊長類研究，18，300-305.
古市剛（2013）『あなたはボノボ，それともチンパンジー？（朝日選書）』，朝日新聞出版.
ボルネオ保全トラストジャパン（2017）『パーム油白書 2017』，ボルネオ保全トラストジャパン.
松沢哲郎（2006）『おかあさんになったアイ――チンパンジーの親子と文化（講談社学術文庫）』，講談社.
松林尚志（2009）『熱帯アジア動物記――フィールド野生動物学入門（フィールドの生物学）』，東海大学出版会.
松林尚志（2015）『消えゆく熱帯雨林の野生動物――絶滅危惧動物の知られざる生態と保全への道』，化学同人.
安田雅俊・長田典之・松林尚志・沼田真也編（2008）『熱帯雨林の自然史――東南アジアのフィールドから』，東海大学出版会.
山川修（1985）『オレ，ひとし――オランウータン奮戦記』，サンケイ出版.
山極寿一（2007）『暴力はどこからきたか――人間性の起源を探る（NHK ブックス）』，日本放送出版協会.
山極寿一（2012）『家族進化論』，東京大学出版会.
山極寿一（2015）『ゴリラ［第 2 版］』，東京大学出版会.
湯本貴和（1999）『熱帯雨林（岩波新書）』，岩波書店.

Ancrenaz, M., Gimenez, O., Ambu, L., Ancrenaz, K., Andau, P., Gossens, B., Payne, J., Sewang, A., Tuuga, A., and Lackman-Ancrenaz, I. (2004) Aerial surveys give new estimates for orangutans in Sabah, Malaysia. *PLOS Biology*, 3, 1-8.
Ancrenaz, M., Sollmann, R., Meijaard, E., Hearn, A. J., Ross, J., Samejima, H., Loken, B., Cheyne, S. M., Stark, D. J., Gardner, P. C., Goossens, B., Mohamed, A., Bohm, T., Matsuda, I., Nakabayasi, M., Lee, S. K., Bernard, H., Brodie, J., Wich, S., Fredriksson, G., Hanya, G., Harrison, M.

E., Kanamori, T., Kretzschmar, P., Macdonald, D. W., Riger, P., Spehar, S., Ambu, L. N., and Wilting, A. (2014) Coming down from the trees: Is terrestrial activity in Bornean orangutans natural or disturbance driven? *Scientific Reports*, 4, 4024.

Anderson, H. B., Emery Thompson, M., Knott, C. D., and Perkins, L. (2008) Fertility and mortality patterns of captive Bornean and Sumatran orangutans: Is there a species difference in life history? *Journal of Human Evolution*, 54, 34–42.

Arora, N., van Noordwijk, M. A., Ackermann, C., Willems, E. P., Nater, A., Greminger, M., Nietlisbach, P., Dunkel, L. P., Utami-Atmoko, S. S., Pamungkas, J., Perwitasari-Farajallah, D., van Schaik, C. P., and Krutzen, M. (2012) Parentage-based pedigree reconstruction reveals female matrilineal clusters and male-biased dispersal in nongregarious Asian great apes, the Bornean orang-utans (*Pongo pygmaeus*). *Molecular Ecology*, 21, 3352–3362.

Banes, G., Galdikas, B. F., and Vigilant, L. (2015) Male orang-utan bimaturism and reproductive success at Camp Leakey in Tanjung Puting National Park, Indonesia. *Behavioral Ecology and Sociobiology*, 69, 1–10.

Bellwood, P. (1997) The environmental background: present and past. In *Prehistory of the Indo-Malaysian Archipelago (Revised Edition)*. pp. 1–38. Hawaii: University of Hawaii Press.

Brandon-Jones, D., Groves, C. P., and Jenkins, P. D. (2016) The type specimens and type localities of the orangutans, genus *Pongo* Lacépède, 1799 (Primates: Hominidae). *Journal of Natural History*, 50, 2051–2095.

Cannon, C. H., Curran, L. M., Marshall, A. J., and Leighton, M. (2007) Beyond mast-fruiting events: Community asynchrony and individual dormancy dominate woody plant reproductive behavior across seven Bornean forest types. *Current Science*, 93, 1558–1566.

Cant, J. G. H. (1987) Positional behavior of female Bornean orangutans (*Pongo pygmaeus*). *American Journal of Primatology*, 12, 71–90.

Chaimanee, Y., Suteethorn, V., Jintasakul, P., Vidthayanon, C., Marandat, B., and Jaeger, J. J. (2004) A new orang-utan relative from the Late

Miocene of Thailand. *Nature*, 427, 439–441.

Cocks, L. (2007) Factors affecting mortality, fertility, and well-being in relation to species differences in captive orangutans. *International Journal of Primatology*, 28, 421–428.

Delgado, J. R. A., and van Schaik, C. P. (2000) The behavioral ecology and conservation of the orangutan (*Pongo pygmaeus*): A tale of two islands. *Evolutionary Anthropology*, 9, 201–218.

Dial, R. (2003) Energetic savings and the body size distributions of gliding mammals. *Evolutionary Ecology Research*, 5, 1–12.

Dobson, J. (1953) John Hunter and the early knowledge of the Anthropoid apes. *Proceedings of the Zoological Society of London*, 123, 1–12.

Ely, J. J., Frels, W. I., Howell, S., Izard, M. K., Keeling, M. E., and Lee, D. R. (2006) Twinning and heteropaternity in chimpanzees (*Pan troglodytes*). *American Journal of Physical Anthropology*, 130, 96–102.

Emery Thompson, M., Kahlenberg, S. M., Gilby, I. C., and Wrangham, R. W. (2007) Core area quality is associated with variance in reproductive success among female chimpanzees at Kibale National Park. *Animal Behaviour*, 73, 501–512.

Emery Thompson, M., Zhou, A., and Knott, C. D. (2012) Low testosterone correlates with delayed development in male orangutans. *PLOS ONE*, 7, e47282.

Endo, H., Yoshihara, K., Kaseda, M., Sakai, T., Itou, T., Koie, H., and Kimura, J. (2004) CT sectional and macroscopic examinations of the hip joint structure in the carcass of an adult and a fetus orang-utan. *Japanese Journal of Zoo and Wildlife Medicine*, 9, 119–123.

Fagen, R. (1993) Primate juveniles and primate play. In *Juvenile Primates: Life History, Development and Behavior, with a new Foreword*, edited by Pereira, M. E. and Fairbanks, L. A. pp. 182–196. Oxford: Oxford University Press.

Felton, A. M., Engströma, L. M., Felton, A., and Knott, C. D. (2003) Orangutan population density, forest structure and fruit availability in hand-logged and unlogged peat swamp forests in West Kalimantan, Indonesia. *Biological Conservation*, 114, 91–101.

Fox, E. A. (1998) The function of male sexual aggression and female re-

sistance in wild Sumataran orangutan (*Pongo pygmaeus abelii*). *American Journal of Physical Anthropology*, 105, 84.

Fox, E. A. (2002) Female tactics to reduce sexual harassment in the Sumatran orangutan (*Pongo pygmaeus abelii*). *Behavioral Ecology and Sociobiology*, 52, 93–101.

Fox, E. A., van Schaik, C. P., Sitompul, A., and Wright, D. N. (2004) Intra- and interpopulational differences in orangutan (*Pongo pygmaeus*) activity and diet: Implications for the invention of tool use. *American Journal of Physical Anthropology*, 125, 162–174.

Galdikas, B. M. F. (1982) Wild orangutan birth at Tanjung Puting Reserve. *Primates*, 23, 500–510.

Galdikas, B. M. F. (1985a) Adult male sociality and reproductive tactics among orangutans at Tanjung Puting. *Folia Primatologica*, 45, 9–24.

Galdikas, B. M. F. (1985b) Orangutan sociality at Tanjung Puting. *American Journal of Primatology*, 9, 101–119.

Galdikas, B. M. F. (1985c) Subadult male orangutan sociality and reproductive behavior at Tanjung Puting. *American Journal of Primatology*, 8, 87–99.

Galdikas, B. M. F. (1995) Social and reproductive behavior of wild adolescent female orangutans. In *The Neglected Ape*, edited by Nadler, R. D., Galdikas, B. F. M., Sheeran, L. K. and Rosen, N. pp. 163–182. New York: Plenum Press.

Goossens, B., Setchess, J. M., James, S., Funk, S. M., Chikhi, L., Abulani, A., Ancrenaz, M., Lackman-Ancrenaz, I., and Bruford, M. W. (2006) Philopatry and reproductive success in Borneo orangutans (*Pongo pygmaeus*). *Molecular Ecology*, 15, 2577–2588.

Goossens, B., Kapar, M. D., Kahar, S., and Ancrenaz, M. (2011) First sighting of Bornean orangutan twins in the wild. *Asian Primates Journal*, 2, 10–12.

Groves, C. P. (2001) *Primate Taxonomy*. edited by D'araujo, E., *Smithsonian Series in Comparative Evolutionary Biology*. Washington: Smithsonian Institution Press.

Hanya, G., Stevenson, P., van Noordwijk, M., Te Wong, S., Kanamori, T., Kuze, N., Aiba, S.-I., Chapman, C. A., and van Schaik, C. (2011) Sea-

sonality in fruit availability affects frugivorous primate biomass and species richness. *Ecography*, 34, 1009–1017.

Harcourt, A. H., and Stewart, K. J. (2008) *Gorilla Society: Conflict, Compromise, and Cooperation between the Sexes*. Chicago: The University of Chicago Press.

Hardus, M., Lameira, A., Zulfa, A., Atmoko, S. S., Vries, H., and Wich, S. (2012) Behavioral, ecological, and evolutionary aspects of meat-eating by Sumatran orangutans (*Pongo abelii*). *International Journal of Primatology*, 33, 287–304.

Harrison, M. E., Morrogh-Bernard, H. C., and Chivers, D. J. (2010) Orangutan energy intake and the influence of fruit availability in the nonmasting peat-swamp forest of Sabangau, Indonesian Borneo. *International Journal of Primatology*, 31, 353–358.

Hayashi, M., Kawakami, F., Rosian, R., Hapiszudin, N. M., and Dharmalingam, S. (2018) Behavioral studies and veterinary management of orangutans at Bukit Merah Orang Ucan Island, Perak, Malaysia. *Primates*, 59, 135–144.

Hirata, S., Fuwa, K., Sugama, K., Kusunoki, K., and Takeshita, H. (2011) Mechanism of birth in chimpanzees: Humans are not unique among primates. *Biology Letters*, 7, 686–688.

Hofman, M. A. (1983) Evolution of brain size in neonatal and adult placental mammals: A theoretical approach. *Journal of Theoretical Biology*, 105, 317–332.

Ibrahim, Y. K., Tshen, L. T., Westaway, K. E., Cranbrook, E. O., Humphrey, L., Muhammad, R. F., Zhao, J.-X., and Peng, L. C. (2013) First discovery of Pleistocene orangutan (*Pongo* sp.) fossils in Peninsular Malaysia: Biogeographic and paleoenvironmental implications. *Journal of Human Evolution*, 65, 770–797.

Kanamori, T., Kuze, N., Bernard, H., Malim, T. P., and Kohshima, S. (2010) Feeding ecology of Bornean orangutans (*Pongo pygmaeus morio*) in Danum Valley, Sabah, Malaysia: A 3-year record including two mast fruitings. *American Journal of Primatology*, 72, 820–840.

Kanamori, T., Kuze, N., Bernard, H., Malim, T. P., and Kohshima, S. (2017) Fluctuations of population density in Bornean orangutans

(*Pongo pygmaeus morio*) related to fruit availability in the Danum Valley, Sabah, Malaysia: A 10-year record including two mast fruitings and three other peak fruitings. *Primates*, 58, 225–235.

Kanthaswamy, S., Kurushima, J. D., and Smith, D. G. (2006) Inferring *Pongo* conservation units: A perspective based on microsatellite and mitochondrial DNA analyses. *Primates*, 47, 310–321.

Kingsley, S. (1982) Cause of non-breeding and the development of secondary sexual characteristics in the male orang-utan: Ahormonal study. In *The Orang Utan: Its Biology and Conservaton*, edited by De Boer, L. E. M. pp. 215–229. Den Hagg: Dr. W. Junk Publishers.

Kinoshita, K., Sano, Y., Takai, A., Shimizu, M., Kobayashi, T., Ouchi, A., Kuze, N., Inoue-Maruyama, M., Idani, G. I., Okamoto, M., and Ozaki, Y. (2017) Urine sex steroid hormone and placental leucine aminopeptidase concentration difference between live birth and still birth of Borneo orangutans (*Pongo pygmaeus*). *Journal of Medical Primatology*, 46, 3–8.

Knott, C. D. (1998) Changes orangutan caloric intake, energy balance and ketones in respones to fluctuating fruit availability. *International Journal of Primatology*, 19, 1061–1079.

Knott, C. D. (2005) Energetic resposes to food availability in the great apes: Implications for hominin evolution. In *Seasonality in Primates: Studies of Living and Extinct Human and Non-Human Primates*, edited by Brockman, D. K. and van Schaik, C. P. pp. 351–378. Cambridge: Cambridge University Press.

Knott, C. D. (2009) Orangutans: Sexual coercion without sexual violence. In *Sexual Coercion in Primates: An Evolutionary Perspective on Male Aggression against Females*, edited by Muller, M. N. and Wrangham, R. W. pp. 81–111. Cambridge: Harvard University Press.

Knott, C. D., Emery Thompson, M., Stumpf, R. M., and Mcintyre, M. H. (2010) Female reproductive strategies in orangutans, evidence for female choice and counterstrategies to infanticide in a species with frequent sexual coercion. *Proceedings of the Royal Society B: Biological Sciences*, 277, 105–113.

Kobayashi, H., and Kohshima, S. (1997) Unique morphology of the human

eye. *Nature*, 387, 767–768.

Kuze, N., Malim, T. P., and Kohshima, S. (2005) Developmental changes in the facial morphology of the Borneo orangutan (*Pongo pygmaeus*): Possible signals in visual communication. *American Journal of Primatology*, 65, 353–376.

Kuze, N., Sipangkui, S., Malim, T., Bernard, H., Ambu, L., and Kohshima, S. (2008) Reproductive parameters over a 37-year period of free-ranging female Borneo orangutans at Sepilok Orangutan Rehabilitation Centre. *Primates*, 49, 126–134.

Kuze, N., Kawabata, H., Yamazakii, S., Kanamori, T., Malim, T. P., and Bernard, H. (2011) A wild Borneo orangutan carries large numbers of branches on the neck for feeding and nest building in the Danum Valley Conservation Area. *Primate Research*, 27, 21–26.

Kuze, N., Dellatore, D., Banes, G. L., Pratje, P., Tajima, T., and Russon, A. E. (2012) Factors affecting reproduction in rehabilitant female orangutans: Young age at first birth and short inter-birth interval. *Primates*, 53, 181–192.

Leendertz, S. a. J., Metzger, S., Skjerve, E., Deschner, T., Boesch, C., Riedel, J., and Leendertz, F. H. (2010) A longitudinal study of urinary dipstick parameters in wild chimpanzees (*Pan troglodytes verus*) in Côte d'Ivoire. *American Journal of Primatology*, 72, 689–698.

Leigh, S. R., and Shea, B. T. (1995) Ontogeny and evolution of adult body size dimorphism in apes. *American Journal of Primatology*, 36, 37–60.

Leighton, M. (1993) Modeling dietary selectivity by Borneo orangutan: Evidence for integration of multiple criteria in fruit selection. *International Journal of Primatology*, 14, 257–313.

Locke, D. P., *et al.* (2011) Comparative and demographic analysis of orang-utan genomes. *Nature*, 469, 529–533.

MacKinnon, J. (1974) The behaviour and ecology of wild orang-utans (*Pongo Pygmaeus*). *Animal Behaviour*, 22, 3–74.

Maestripieri, D., and Ross, S. R. (2004) Sex differences in play among western lowland gorilla (*Gorilla gorilla gorilla*) infants: Implications for adult behavior and social structure. *American Journal of Physical Anthropology*, 123, 52–61.

Maggioncalda, A. N., Czekala, N. M., and Sapolsky, R. M. (2002) Male orangutan subadulthood: A new twist on the relationship between chronic stress and developmental arrest. *American Journal of Physical Anthropology*, 118, 25–32.

Marshall, A. J., Ancrenaz, M., Brearley, F. Q., Fredriksson, G. M., Ghaffar, N., Heydon, M., Husson, S. J., Leighton, M., Mcconkey, K. R., Morrogh-Bernard, H. C., Proctor, J., van Schaik, C. P., Yeager, C. P., and Wich, S. A. (2010) The effects of forest phenology and floristics on populations of Bornean and Sumatran orangutans: Are Sumatran forests better orangutan habitat than Bornean forests? In *Orangutans: Geographical Variation in Behavioral Ecology and Conservation*, edited by Wich, S. A., Utami, S. S., Mitra Setia, T. and van Schaik, C. P. pp. 97–118. Oxford: Oxford University Press.

Marzec, A. M., Kunz, J. A., Falkner, S., Atmoko, S. S. U., Alavi, S. E., Moldawer, A. M., Vogel, E. R., Schuppli, C., van Schaik, C. P., and van Noordwijk, M. A. (2016) The dark side of the red ape: Male-mediated lethal female competition in Bornean orangutans. *Behavioral Ecology and Sociobiology*, 70, 459–466.

Matsumoto, T. (2017) Developmental changes in feeding behaviors of infant chimpanzees at Mahale, Tanzania: Implications for nutritional independence long before cessation of nipple contact. *American Journal of Physical Anthropology*, 163, 356–366.

Meijaard, E., Albar, G., Nardiyono Rayadin, Y., Ancrenaz, M., and Spehar, S. (2010) Unexpected ecological resilience in Bornean orangutans and implications for pulp and paper plantation management. *PLOS ONE*, 5, e12813.

Mendonça, R. S., Takeshita, R. S. C., Kanamori, T., Kuze, N., Hayashi, M., Kinoshita, K., Bernard, H., and Matsuzawa, T. (2016) Behavioral and physiological changes in a juvenile Bornean orangutan after a wildlife rescue. *Global Ecology and Conservation*, 8, 116–122.

Mendonça, R. S., Kanamori, T., Kuze, N., Hayashi, M., Bernard, H., and Matsuzawa, T. (2017) Development and behavior of wild infant-juvenile East Bornean orangutans (*Pongo pygmaeus morio*) in Danum Valley. *Primates*, 58, 211–224.

Mitani, J. C. (1985) Mating behaviour of male orangutans in the Kutai Game Reserve, Indonesia. *Animal Behaviour*, 33, 392–402.

Mitra Setia, T., Delagdo, R. A., Utami-Atmoko, S. S., Singleton, I., and van Schaik, C. P. (2010) Social organaization and male-female relationship. In *Orangutans: Geographical Variation in Behavioral Ecology and Conservation*, edited by Wich, S. A., Utami, S. S., Mitra Setia, T. and van Schaik, C. P. pp. 245–253. Oxford: Oxford University Press.

Morrogh-Bernard, H., Morf, N., Chivers, D., and Krützen, M. (2011) Dispersal patterns of orang-utans (*Pongo* spp.) in a Bornean peat-swamp forest. *International Journal of Primatology*, 32, 362–376.

Nakamura, M., Corp, N., Fujimoto, M., Fujita, S., Hanamura, S., Hayaki, H., Hosaka, K., Huffman, M., Inaba, A., Inoue, E., Itoh, N., Kutsukake, N., Kiyono-Fuse, M., Kooriyama, T., Marchant, L., Matsumoto-Oda, A., Matsusaka, T., Mcgrew, W., Mitani, J., Nishie, H., Norikoshi, K., Sakamaki, T., Shimada, M., Turner, L., Wakibara, J., and Zamma, K. (2013) Ranging behavior of Mahale chimpanzees: A 16 year study. *Primates*, 54, 171–182.

Nater, A., Greminger, M. P., Arora, N., van Schaik, C. P., Goossens, B., Singleton, I., Verschoor, E. J., Warren, K. S., and Krützen, M. (2015) Reconstructing the demographic history of orang-utans using Approximate Bayesian Computation. *Molecular Ecology*, 24, 310–327.

Nater, A., Mattle-Greminger, M. P., Nurcahyo, A., Nowak, M. G., De Manuel, M., Desai, T., Groves, C., Pybus, M., Sonay, T. B., Roos, C., Lameira, A. R., Wich, S. A., Askew, J., Davila-Ross, M., Fredriksson, G., De Valles, G., Casals, F., Prado-Martinez, J., Goossens, B., Verschoor, E. J., Warren, K. S., Singleton, I., Marques, D. A., Pamungkas, J., Perwitasari-Farajallah, D., Rianti, P., Tuuga, A., Gut, I. G., Gut, M., Orozco-Terwengel, P., van Schaik, C. P., Bertranpetit, J., Anisimova, M., Scally, A., Marques-Bonet, T., Meijaard, E., and Krützen, M. (2017) Morphometric, behavioral, and genomic evidence for a new orangutan species. *Current Biology*, 27, 3487–3498 e3410.

Nietlisbach, P., Arora, N., Nater, A., Goossens, B., van Schaik, C. P., and Krützen, M. (2012) Heavily male-biased long-distance dispersal of orang-utans (genus: *Pongo*), as revealed by Y-chromosomal and mi-

tochondrial genetic markers. *Molecular Ecology*, 21, 3173–3186.

Nunn, C., Altizer, S., Jones, K., and Sechrest, W. (2003) Comparative test of parasite species richness in Primates. *The American Naturalist*, 162, 597–614.

Pontzer, H., Raichlen, D. A., Shumaker, R. W., Ocobock, C., and Wich, S. A. (2010) Metabolic adaptation for low energy throughput in orangutans. *Proceedings of the National Academy of Sciences*, 107, 14048–14052.

Povinelli, D. J., and Cant, J. G. H. (1995) Arboreal clambering and the evolution of self-conception. *Quarterly Review of Biology*, 70, 393–421.

Rijksen, H. D. (1978) *A Field Study on Sumatran Orangutans (Pongo pygmaeus abelii, Lesson 1827). Ecology, Behavior and Conservation*. The Netherlands: H. Veenman and Zonen.

Rijksen, H. D., and Meijaard, E. (1999) *Our Vanishing Relative: The Status of Wild Orang-Utans at the Close of the Twentieth Century*. Dordrecht: Kluwer Academic.

Rothman, J. M., Dierenfeld, E. S., Hintz, H. F., and Pell, A. N. (2008) Nutritional quality of gorilla diets: Consequences of age, sex, and season. *Oecologia*, 155, 111–122.

Russon, A. E. (2002) Return of the native: Cognition and site-specific expertise in orangutan rehabilitation. *International Journal of Primatology*, 23, 461–478.

Russon, A. E. (2010) Orangutan rehabilitation and reintroduction: Successes, failures, and role in conservation. In *Orangutans: Geographic Variation in Behavioral Ecology and Conservation*, edited by Wich, S. A., Utami, S. S., Mitra Setia, T. and van Schaik, C. P. pp. 327–350. Oxford: Oxford University Press.

Russon, A. E., Kuncoro, P., Ferisa, A., and Handayani, D. P. (2010) How orangutans (*Pongo pygmaeus*) innovate for water. *Journal of Comparative Psychology*, 124, 14–28.

Schwartz, G. T., Liu, W., and Zheng, L. (2003) Preliminary investigation of dental microstructure in the Yuanmou hominoid (*Lufengpithecus hudienensis*), Yunnan Province, China. *Journal of Human Evolution*, 44, 189–202.

Sepilok Orangutan Rehabilitation Center (2014) *50th Anniversory* (*Report*).

Schuppli, C., Meulman, E. J. M., Forss, S. I. F., Aprilinayati, F., van Noodwijk, M. A., and van Schaik, C. P. (2016) Observational social learning and socially induced practice of routine skills in immature wild orang-utans. *Animal Behaviour*, 119, 87–98.

Shumaker, R. W., Palkovich, A. M., Beck, B. B., Guagnano, G. A., and Morowitz, H. (2001) Spontaneous use of magnitude discrimination and ordination by orangutan (*Pongo pygmaeus*). *Journal of Comparative Psychology*, 115, 385–391.

Singleton, I., Knott, C. D., Morrogh-Bernard, H., Wich, S. A., and van Schaik, C. P. (2010) Ranging behaviour of orangutan females and social organization. In *Orangutans: Geographic Variation in Behavioral Ecology and Conservation*, edited by Wich, S. A., Utami, S. S., Mitra Setia, T. and van Schaik, C. P. pp. 205–213. Oxford: Oxford University Press.

Smith, T. M., Austin, C., Hinde, K., Vogel, E. R., and Arora, M. (2017) Cyclical nursing patterns in wild orangutans. *Science Advances*, 3, e1601517.

Smith, P. (1982) Does play matter? Functional and evolutionary aspects of animal and human play. *The Behavioral and Brain Sciences*, 5, 139–184.

Sodaro, C. A. (1988) A note on the labial swelling of a pregnant orangutan, *Pongo pygmaeus abelii*. *Zoo Biology*, 7, 173–176.

Sodaro, C. A. (2007) *Orangutan Species Survival Plan Husbandry Manual*. Chicago: Chicago Zoological Society/Brookfield Zoo.

Tajima, T., and Kurotori, H. (2010) Nonaggressive interventions by third parties in conflicts among captive Bornean orangutans (*Pongo pygmaeus*). *Primates*, 51, 179–182.

Tajima, T., Malim, T. P., and Inoue, E. (2018) Reproductive success of two male morphs in a free-ranging population of Bornean orangutans. *Primates*, 59, 127–133.

Taylor, A. B. (2009) The functional significance of variation in jaw form in orangutans. In *Orangutans: Geographical Variation in Behavioral*

Ecology and Conservation, edited by Wich, S. A., Utami, S. S., Mitra Setia, T. and van Schaik, C. P. pp. 15–31. Oxford: Oxford University Press.

Taylor, A. B., and van Schaik, C. P. (2007) Variation in brain size and ecology in Pongo. *Journal of Human Evolution*, 52, 59–71.

Thalmann, O., Wegmann, D., Spitzner, M., Arandjelovic, M., Guschanski, K., Leuenberger, C., Bergl, R. A., and Vigilant, L. (2011) Historical sampling reveals dramatic demographic changes in western gorilla populations. *BMC Evolutionary Biology*, 11, 85.

Thorpe, S. K. S. (2009) Orangutans employ unique strategies to control branch flexibility. *Proceedings of the National Academy of Sciences*, 106, 12646–12651.

Thorpe, S. K. S., and Crompton, R. H. (2004) Locomotor ecology of wild orangutans (*Pongo pygmaeus abelii*) in the Gunung Leuser Ecosystem, Sumatra, Indonesia: A multivariate analysis using log-linear modelling. *American Journal of Physical Anthropology*, 127, 58–78.

Thorpe, S. K. S., and Crompton, R. H. (2006) Orangutan positional behavior and the nature of arboreal locomotion in Hominoidea. *American Journal of Physical Anthropology*, 131, 384–401.

Tshen, L. T. (2015) Biogeographic distribution and metric dental variation of fossil and living orangutans (*Pongo* spp.). *Primates*, 57, 39–50.

Uchida, A. (1998) Variation in tooth morphology of *Pongo pygmaeus*. *Journal of Human Evolution*, 34, 71–79.

Utami, S. S., Goossens, B., Bruford, M. W., De Ruiterd, J. R., and van Hooff, J. A. R. A. M. (2002) Male bimaturism and reproductive success in Sumatran orang-utans. *Behavioral Ecology*, 13, 643–652.

Utami-Atmoko, S. S., Mitra Setia, T., Goossens, B., James, S. S., Knott, C. D., Morrogh-Bernard, H., van Schaik, C. P., and van Noordwijk, M. A. (2009) Orangutan mating behavior and strategies. In *Orangutans: Geographical Variation in Behavioral Ecology and Conservation*, edited by Wich, S. A., Utami, S. S., Mitra Setia, T. and van Schaik, C. P. pp. 235–244. Oxford: Oxford University Press.

van Noordwijk, M. A., Sauren, S. E. B., Nuzuar Abulani, A., Morrogh-Bernard, H. C., Utami-Atmoko, S. S., and van Schaik, C. P. (2009) Devel-

opment of independence. In *Orangutans: Geographical Variation in Behavioral Ecology and Conservation*, edited by Wich, S. A., Utami, S. S., Mitra Setia, T. and van Schaik, C. P. pp. 189–203. Oxford: Oxford University Press.

van Noordwijk, M. A., Arora, N., Willems, E., Dunkel, L., Amda, R., Mardianah, N., Ackermann, C., Krützen, M., and van Schaik, C. P. (2012) Female philopatry and its social benefits among Bornean orangutans. *Behavioral Ecology and Sociobiology*, 66, 823–834.

van Noordwijk, M. A., Willems, E. P., Utami-Atmoko, S. S., Kuzawa, C. W., and van Schaik, C. P. (2013) Multi-year lactation and its consequences in Bornean orangutans (*Pongo pygmaeus wurmbii*). *Behavioral Ecology and Sociobiology*, 67, 805–814.

van Nordwijk, M. A., Utami-Atmoko, S. S., Knott, C. D., Kuze, N., Morrogh-Bernard, H. C., Oram, F., Schuppli, C., van Schaik, C. P., and Willems, E. D. The slow ape: high infant survival and long inter-birth intervals in orangutans. (in review)

van Schaik, C. P. (2016) *The Primate Origins of Human Nature*. New Jersey: Wiley-Blackwell.

van Schaik, C. P., Ancrenaz, M., Borgen, G., Galdikas, B., Knott, C. D., Singleton, I., Suzuki, A., Utami, S. S., and Merrill, M. (2003) Orangutan cultures and the evolution of material culture. *Science*, 299, 102–105.

van Schaik, C. P., and Pradhan, G. R. (2003) A model for tool-use traditions in primates: Implications for the coevolution of culture and cognition. *Journal of Human Evolution*, 44, 645–664.

van Schaik, C. P., Ancrenaz, M., Djojoasmoro, R., Knott, C. D., Morrogh-Bernard, H. C., Nuzuar Odom, K., Utami-Atmoko, S. S., and van Noordwijk, M. A. (2010) Orangutan cultures revisited. In *Orangutans: Geographical Variation in Behavioral Ecology and Conservation*, edited by Wich, S. A., Utami, S. S., Mitra Setia, T. and van Schaik, C. P. pp. 299–309. Oxford: Oxford University Press.

Vogel, E. R., Alavi, S. E., Utami-Atmoko, S. S., van Noordwijk, M. A., Bransford, T. D., Erb, W. M., Zulfa, A., Sulistyo, F., Farida, W. R., and Rothman, J. M. (2016) Nutritional ecology of wild Bornean orangutans (*Pongo pygmaeus wurmbii*) in a peat swamp habitat: Effects

of age, sex, and season. *American Journal of Primatology*, 79, 1–20.

Voigt, M. *et al.* (2018) Global demand for natural resources eliminated more than 100,000 Borneo Orangutans. *Current Biology*, 28, 761–769e765.

Wegmann, D., and Excoffier, L. (2010) Bayesian inference of the demographic history of chimpanzees. *Molecular Biology and Evolution*, 27, 1425–1435.

Weingrill, T., Willems, E. P., Zimmermann, N., Steinmetz, H., and Heistermann, M. (2011) Species-specific patterns in fecal glucocorticoid and androgen levels in zoo-living orangutans (*Pongo* spp.). *General and Comparative Endocrinology*, 172, 446–457.

Wich, S. A., Utami-Atmoko, S. S., Setia, T. M., Rijksen, H. D., Schurmann, C., van Hooff, J. a. R. a. M., and van Schaik, C. P. (2004) Life history of wild Sumatran orangutans (*Pongo abelii*). *Journal of Human Evolution*, 47, 385–398.

Wich, S. A., Utami-Atmoko, S. S., Mitra Setia, T., Djoyosudharmo, S., and Geurts, M. (2006) Dietary and energetic responses of *Pongo abelii* to fruit availability fluctuations. *International Journal of Primatology*, 27, 1535–1550.

Wich, S. A. *et al.* (2008) Distribution and conservation status of the orang-utan (*Pongo* spp.) on Borneo and Sumatra: How many remain? *Oryx*, 42, 329–339.

Wich, S. A., De Vries, H., Ancrenaz, M., Perkins, L., Shumaker, R. W., Suzuki, A., and van Schaik, C. P. (2010) Orangutan life history variation. In *Orangutans: Geographical Variation in Behavioral Ecology and Conservation*, edited by Wich, S. A., Utami, S. S., Mitra Setia, T. and van Schaik, C. P. pp. 65–75. Oxford: Oxford University Press.

Wich, S. A., Singleton, I., Nowak, M. G., Utami-Atmoko, S. S., Nisam, G., Arif, S. M., Putra, R. H., Ardi, R., Fredriksson, G., Usher, G., Gaveau, D. L. A., and Kühl, H. S. (2016) Land-cover changes predict steep declines for the Sumatran orangutan (*Pongo abelii*). *Science Advances*, e1500789.

Zucker, E. L., and Thibaut, S. C. (1995) Proximity, contact, and play interaction orangutans, with focus on the adult male. In *The Neglected*

Ape, edited by Nadler, R. D., Galdikas, B. F. M., Sheeran, L. K. and Rosen, N. pp. 239-249. New York: Plenum Press.